化粧品研究者が教える
髪と肌のトラブル解決法——

シャンプーで肌は変わる

亀田 宗一 著
KAMEDA, Munekazu

時事通信社

はじめに

私は大学卒業後、「界面活性剤」（界面活性剤については第3章で詳しく解説）メーカーに研究員として就職しました。しかし、毎日いろいろな界面活性剤に触れているうちに、肌がかぶれたり、抜け毛の量が増えていきました。界面活性剤の専門家が、それが原因で不調に陥ったわけです。

私の界面活性剤研究の原点は、ここにあります。自分自身の肌トラブルや毛髪トラブルがあったからこそ、私と同じような苦しみを味わっている人たちに、「肌にやさしい安全な界面活性剤」を届けようと、これまで研究を続けてきました。

すべてのシャンプーや化粧品には界面活性剤が使用されています。その種類は実に多く、そのなかの一部は私たちの体にさまざまな不調を与える危険性の高いものです。

化粧品のなかで重要なのは「洗う」ものです。

シャンプーは「水できれいに洗い流すのだから、肌に影響など何も残らない」と、多くの人はそう思っているはずです。

しかし、原因不明のアレルギーやアトピー性皮膚炎、肌のかぶれや抜け毛などがなかなか治らないのは、ふだん使っているシャンプーや化粧品が原因ということが多いのです。市販シャンプーの多くには、強い刺激があり、残留性が極めて高い「硫酸系界面活性剤」と「アミノ酸系界面活性剤」が使われているからです。

私は自身の体験から硫酸系界面活性剤の危険性をいち早く察知し、それに代わる、より安全な界面活性剤を追い求めてきました。その結果、１９９０年にお酢系洗浄剤「ラウレス-3酢酸ナトリウム」を開発。さらにこれを進化させ、２００８年に「ラウレス-3酢酸アミノ酸」を発明・特許出願。２０１２年には「低刺激性液体洗浄組成物」として特許が認められました。また、２０１０年には、地球環境を守ると評価され、「地球環境ISO14001」も取得しました。

このお酢系洗浄剤は、健康な肌の人はもちろんのこと、肌の弱い人、敏感肌の人、アレルギーをもっている人たちにこそ使って欲しいと考えています。そのために、洗い流すものでは行われることのない24時間のパッチテストや、人口皮膚の敏感肌モデルも作って試験を繰り返し、石けんよりも肌への刺激が少ないことを証明しました。

その実験中に、私自身も驚きの事実が判明しました。

シャンプーの洗浄剤として使われる界面活性剤のなかで、最も刺激が少なく、髪や肌にやさしいと言われている「アミノ酸系界面活性剤」が、硫酸系よりも高い刺激性をもっていることがわかったのです。

この研究成果については、２０１６年3月、アメリカ油化学会が発行する『Journal of Surfactants and Detergents』（界面活性剤および洗浄剤に関する権威ある専門学術誌）に論文が掲載され、私にとって大きな自信となりました。

ところが、多くの人は「アミノ酸シャンプーはやさしい」と誤解したまま。さらに、「パラベンフリー」「ノンシリコン」「ラウレスフリー」などと、特定の成分名がうたわれることが多くなっています。それらはシャンプーの洗浄剤や成分を気にする人が増えてきたからに違いありません。しかし、これらの成分、どれが安全でどれが危険なのか、本当に正しく理解されているのかどうかは甚だ疑問です。

シャンプーで肌は変わります。

私は、常に「洗うもの」にこだわり、そしてそれが〝アレルギー・アトピーゼロ〟につながればと考えています。洗い流すものこそ、人体にとって安全でなければなりません。これこそが私の化粧品づくりの大きなモチベーションであり、目標です。

本書は、2015年に刊行した『シャンプーを替えれば肌が変わる』を、大幅に加筆・修正したものです。界面活性剤を中心に、シャンプーや化粧品に使われる成分を正しく理解できるよう詳細に説明しました。本書を読んでいただければ、安全で安心なシャンプー選びの重要さをわかっていただけるでしょう。

ひとりでも多くの人に「洗うもの」に関心をもっていただき、真に美しい肌を得ることへの理解を深めていただければと願っています。

二〇一九年七月　　亀田宗一

目次

第2章　お肌のしくみとアレルギー・肌トラブルの関係

第3章 危険な界面活性剤を知ろう

第4章　安全で安心な界面活性剤の開発

第5章 すべての「洗う」刺激を遠ざけて美肌を目指す

第1章

シャンプー選びが大切な理由

界面活性剤の専門家が界面活性剤にかぶれた

私は大学で応用化学を学び、卒業後は界面活性剤メーカーに研究員として就職しました。日本は高度成長期が一段落した時期。ヘアケアの面でいえば、シャンプーとリンスをセットで使用することが一般に定着し始めた頃です。

界面活性剤とは、第3章で詳しく説明しますが、水と油のように本来は混じり合わないものを混ぜ合わせることに役立つ物質の総称で、さまざまな日用品に使われています。代表的な製品としては、シャンプー、台所洗剤、化粧品などがあります。

私は研究室で、洗浄剤としてよく使われる「ラウリル硫酸」「ラウレス硫酸」「アルキルベンゼンスルホン酸」「グルタミン酸」などの「アニオン（陰イオン系）界面活性剤」（99ページ参照）に触れることで生来のアレルギー体質を悪化させ、一日の仕事が終わる頃には肌が真っ赤にかぶれて膨れ上がるといった状況に陥りました。また頭皮は異常に乾燥し、フケが多くなり抜け毛の量が増えました。

ラウリル硫酸、ラウレス硫酸、スルホン酸などのアニオン界面活性剤を調べていくと、すでに1960（昭和35）年にはその刺激性が指摘され、ある化学品メーカーは、硫酸やスルホン酸の製造をやめ、石けんの製造に専念していました。

石けんに代わってこれらのアニオン界面活性剤が戦後急激に普及したのは、合成洗剤と呼ばれ主婦の炊事洗濯の時間を短縮し、家事負担を軽減したからです。このことが、多くの女性の社会進出を後押ししました。

しかし、これらを使うことにより、老若男女にかかわらず、アレルギーやアトピー性皮膚炎が増えてきたのです。そしていまや、何らかのアレルギーをかかえる人は3人に1人とまでいわれます。

では、代わりに石けんを使えばいいのでは、と思うかもしれません。石けんを使うことは皮膚には良い結果を与えますが、すすぐときに発生する石けんカスが環境汚染を引き起こし、炊事洗濯に時間を要し、生活環境が悪くなります。それでは、時代に逆行することになってしまいます。

私は世界中から200種以上の界面活性剤を取り寄せ、それぞれの界面活性剤の特徴を調べ、肌への影響を少なくするものを研究しました。そして**新規化学物質の「ラウレス-3酢酸ナトリウム」を発明しました。これは、従来の刺激のある界面活性剤とは一線を画す、肌にも髪にも低刺激の界面活性剤の誕生となりました。**

その後も研究を進め、「ラウレス-3酢酸アミノ酸」を2008（平成20）年に特許申請し、アレルギーを発症しない、角質細胞生存率の高い「低刺激性液体洗浄組成物」として、2012（平成24）年8月10日に特許第5057337号を取得しました。

肌に傷があっても痛くないほど刺激のない、この界面活性剤については、4章で詳しく解説しますが、シャンプーを替えるだけで、つまり、皮膚に刺激を与えないことで、肌がみるみる良くなります。シャンプーで肌は変わる――すぐには信じがたいことかもしれませんが、データとしてきちんと証明されています。そして何より、私の肌の状態が改善されたことこそが、いちばんの証明となるのではないでしょうか。

美容師の手あれの原因はシャンプーだった

界面活性剤メーカーの研究員として働いていた頃、私の体調は本当に最悪でした。やる気にあふれて入った会社だったにもかかわらず、一生懸命に仕事をすればするほど不調に陥っていきました。

その原因が、洗浄剤として使われる硫酸系やスルホン酸系、グルタミン酸系などのアニオン界面活性剤にあったことに気づいたのは、今からもう40年近くも前のことになりますが、今でも当時の私と同じように、同じ原因で苦しんでいる人がたくさんいます。

最も深刻なのは、毎日、硫酸系やスルホン酸系などのアニオン界面活性剤を使用したシャンプーを使わなければいけない美容師さんたちではないでしょうか。

美容師の世界では、シャンプーはいわゆる新人の仕事です。将来は有名なヘアアーチストになりたい、自分の店を持ちたいと大きな夢を抱いて美容業界に飛び込んだ若者たちの前に、まず立ちはだかる壁が手あれというのは、なんとも情けない話です。

新人が手あれに悩んでいても、先輩たちも同じような経験をしてきたわけですから、「少しくらいの手あれは我慢」「美容師ならだれもが通る道」などと精神論でかわされるのが関の山。問題を根本から解決しようとするサロンが多くはないのも事実です。

硫酸系やスルホン酸系などのアニオン界面活性剤は、家庭用の台所洗剤などにも多く使われています。ですから、手あれに悩む主婦も多いのです。でも、食器洗いならゴム手袋をしても構わないし、今では食洗機も普及しています。これに対して、サロンでのシャンプーはゴム手袋をして行うわけにはいかないし、洗髪機があるわけでもありません。美容師の手あれはなかなか解決できないのです。

手は、美容師にとって最大の財産です。実際、ハサミの使いすぎで腱鞘炎《けんしょうえん》になり、美容師という仕事をあきらめなければならなくなる人はたくさんいます。また、手あれのためにシャンプーができなくなってやめる人も大勢いるのです。せっかく夢をもってついた職業というのに、あまりにも理不尽なことではないでしょうか。

硫酸系やスルホン酸系などのアニオン界面活性剤を使用したシャンプーで、手肌があれてしまうのは何故なのでしょうか。それは、それらの**界面活性剤が肌のバリア機能を破壊してしまうから**です。

肌のバリア機能については第２章で詳しく説明しますが、表皮の最も外側にある「角質層」が主に担っている大切な機能です。角質層は、体内からの水分を逃さず（保湿）、外からの刺激を侵入させない（防御）という２つの働きをしています。その角質層は「セラミド（細胞間脂質）」という脂質に守られているわけですが、硫酸系やスルホン酸系などのア

ニオン界面活性剤は刺激が強すぎ、このセラミドを破壊してしまうのです。

バリア機能が破壊されると、体内からの水分が奪われ乾燥を引き起こし、外からはアレルギーを引き起こすアレルゲンや微生物などが侵入しやすくなります。これが肌あれという症状となって現れるわけです。

その症状を引き起こすものが、アニオン界面活性剤に分類される硫酸系やスルホン酸系などの洗浄剤です。さらに、やはりアニオン界面活性剤であるグルタミン酸系やアラニン系などのアミノ酸系洗浄剤も危険なことがわかってきました。

長く美容師という仕事を続けたいと思うのなら、これら刺激の強い洗浄剤が配合されたシャンプーを徹底的に避けることが大切なのです。

化粧品づくりで最も重要なのは「洗う」こと

私は、化粧品には4つの機能が必要であると考えています。

第一に「洗《あら》う」こと。肌に刺激を与えず、やさしく洗い整える機能です。

第二に「補《おぎな》う」こと。洗い整えた肌に必要なうるおい成分を補い、みずみずしい肌に育てる機能です。

第三に「護《まも》る」こと。整え育てられた肌を、紫外線や刺激の強い界面活性剤やメイク用品に含まれる金属塩から護る機能です。

そして**第四に「粧《よそお》う」こと。**「洗う」「補う」「護る」の3つの機能で保たれた健康な肌を粧い、美肌を生み出す機能です。

この4つの機能は互いに密接にかかわりあっており、どれひとつとして欠かすことのできないものとして、私の化粧品づくりの基本コンセプトとなっています。

なかでも、**最も重要なものは「洗う」機能と成分です。**洗うことはスキンケアの原点。「洗う」なくして、ほかが機能することはないのです。私と多くの化粧品メーカーとの最大の違いは、この「洗う」ことへのこだわりです。

「洗う」ことにこだわる私の化粧品づくりは、まずシャンプーからスタートしました。

現在、一般に市販されているシャンプーの洗浄剤としてよく使われているのは、「ラウリル硫酸ナトリウム」と「ラウレス硫酸ナトリウム」という界面活性剤です。これは硫酸系の洗浄剤で、アニオン界面活性剤に分類されます。安く、大量生産することができるために使い続けられてきましたが、人体への刺激や地球環境に対する影響などについて、これまで声高に語られることはありませんでした。

ラウリル硫酸ナトリウムは泡立ちがよく、洗浄性も強く、安価です。しかし、硫酸系の洗浄剤のため、刺激が強く細胞を殺してしまいます。また、タンパク変性を起こし、

化粧品づくりの基本コンセプト

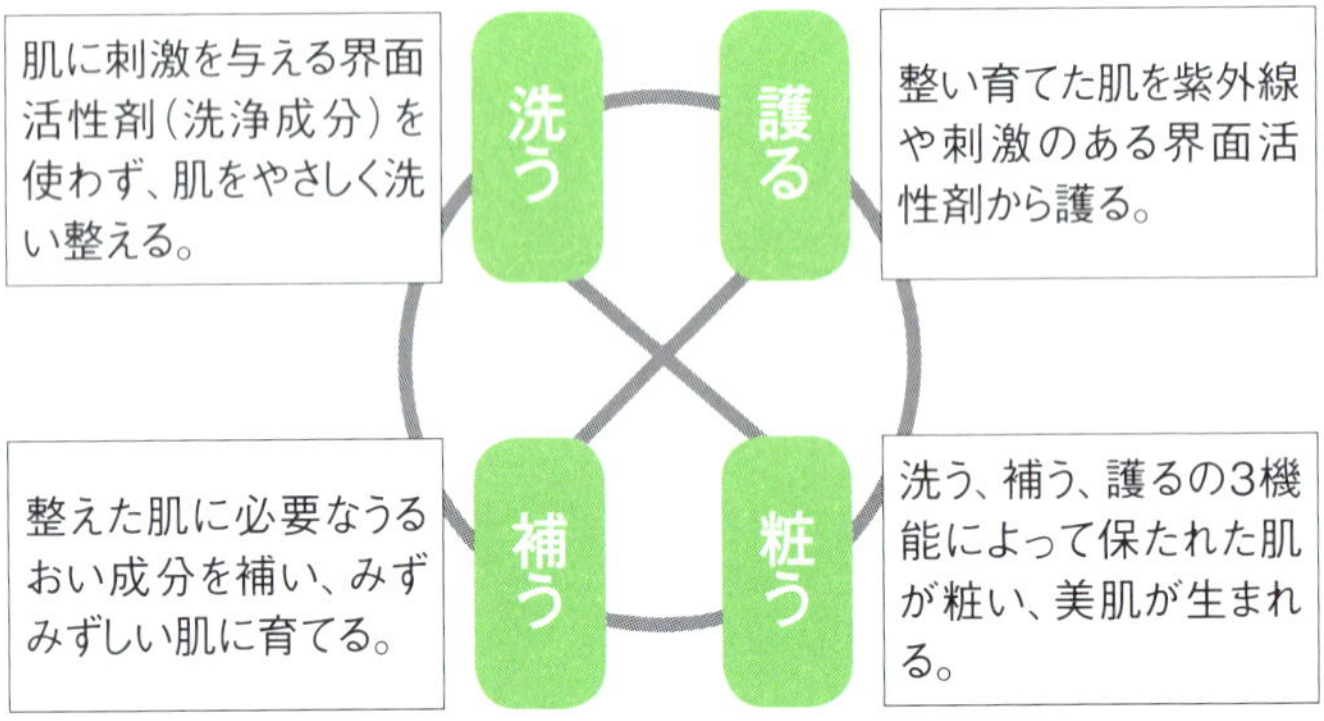
肌に刺激を与える界面活性剤（洗浄成分）を使わず、肌をやさしく洗い整える。
洗う
護る
整い育てた肌を紫外線や刺激のある界面活性剤から護る。
整えた肌に必要なうるおい成分を補い、みずみずしい肌に育てる。
補う
粧う
洗う、補う、護るの3機能によって保たれた肌が粧い、美肌が生まれる。

肌をあらし髪を傷めてしまうのです。

ラウリル硫酸ナトリウムと同様、洗浄剤で多用されているラウレス硫酸ナトリウムも、洗浄力や脱脂力が強く、泡立ちがいい洗浄剤です。

ここまで繰り返し登場する「ラウリル硫酸ナトリウム」と「ラウレス硫酸ナトリウム」。名前はとてもよく似ています。これについては、「ラウリル硫酸ナトリウムの刺激を軽減させ、安全に改良したのがラウレス硫酸ナトリウム。だからラウレスは安全」と説明する化学者やメーカーは多くいます。

この違いについては第３章で詳しく説明しますが、実はその刺激性、危険性はラウリルもラウレスも大きな違いはありません。ところがこれまでは、「ラウレス硫酸ナトリウム」の刺激をなかなか実証することができなかったのです。しかし、「ラウレス-３酢酸アミノ酸」の特許を取得してから４年後の２０１６年、開発時よりさらなる低刺激を証明する過程で、「ラウレス硫酸ナトリウム」の刺激をデータで証明することができました。このことは化粧品業界にとって大きな出来事といえます。

話を戻しましょう。ラウレス硫酸ナトリウムを使ったシャンプーは頭皮や髪の毛の油分をごっそりと奪って髪の毛がきしむため、そのきしみをやわらげる目的でシリコンなどが使用されているシャンプーもあります。これも髪への刺激のひとつです。

また、「α‐オレフィンスルホン酸ナトリウム」を使用しているシャンプーも多くあります。これもまたアニオン界面活性剤のひとつです。α‐オレフィンスルホン酸ナトリウムは、ラウレス硫酸ナトリウムと同じように洗浄力が強力です。したがって、やはり肌の弱い人や髪の毛の弱い人にとっては強い刺激となってしまいます。

これらのアニオン界面活性剤が肌をかぶれさせてしまうのはなぜなのでしょうか。

ひとつには、前項でも紹介したように**アニオン界面活性剤の親水基**（※1）（101ページの図参照）**が角質細胞を死滅させ、肌のバリア機能を破壊するからです。**細胞テストによって、角質層の完成度の個人差で、〝肌が弱い人〟〝肌が強い人〟と区別できることがわかってきました。

また、**ラウリル硫酸がタンパク質を変質させる「タンパク変性」も解明されました**

（※２）。

タンパク質は人体に15～20％含まれ、水分を除くと最も含有量の多い構成物質です。毛髪では60～70％と、その大半を占める重要な成分となっています。

タンパク変性が進むと、髪にはうるおいがなくなる、パサつく、ゴワゴワする、などの症状が現れます。さらに進行すると、脱毛しやすくなる、髪が染まりにくくなるなどの問題点が出てきます。皮膚であればかぶれや炎症を起こし、赤くなり、かゆみが生じます。

界面活性剤、特にアニオン界面活性剤のラウリル硫酸ナトリウム、ラウレス硫酸ナトリウム、α-オレフィンスルホン酸ナトリウム、ラウロイルグルタミン酸ナトリウムなどは、高いタンパク変性率を有することがわかっています。また、細胞の生存率も悪いことがわかりました。およそ40年前に私の肌をかぶれさせた原因は、アニオン界面活性剤のラウリル硫酸ナトリウム、ラウレス硫酸ナトリウム、α-オレフィンスルホン酸ナトリウムによる悪業だったのです。その危険性は、私自身が身をもって経験していることなのです。

人体にとってそれほど危険性のある硫酸系やスルホン酸系界面活性剤ですが、いまだに多くの「洗う」ものの洗浄主剤として広く使われています。理由はもちろん、安価で、洗浄力が強いからです。メーカーはその危険性に気づきながらも〝洗い流すから安全〟と考え、決して使用をやめようとはしません。そして一般消費者には、その危険性はまったくといっていいほど告知されていないのです。

ベースとなる洗浄剤に何を使っているかでそのシャンプーの安全性は決まります。化粧品づくりの基本コンセプトのなかでも「洗う」ことが最重要だと述べました。その思いを具体化したものが、肌にとって危険性の高い硫酸系、スルホン酸系の界面活性剤を使用しないシャンプーなのです。

※1　界面活性剤は、油となじみやすい（溶けやすい）性質がある「親油基」と、水に溶けやすい反面、油とはなじまない性質をもつ「親水基」とで構成されている（詳しくは96ページ参照）。

※2　Michaux C.et.al. BMC Structural Biology, 8.29（2008）.

私が考えるベストな化粧品とは

①一般化粧品――洗い流すもの

ここでは、私がつくる化粧品について、その考え方と商品特徴について説明しましょう。

化粧品を分類すると、一般ユーザーが使用する「一般化粧品」と、プロが使用する「業務用化粧品」に分けられます。さらにそれぞれは、「洗い流すもの」と「洗い流さないもの」に分けられます。

一般化粧品で洗い流すものとしては、シャンプー、トリートメント、クレンジング、洗顔（ボディシャンプーも含む）があります。

その代表ともいえる、シャンプーについて説明します。

前項でも説明したように、市場に出回っている硫酸系洗浄剤（スルホン酸系洗浄剤も含む）のシャンプーは、細胞を死滅させ、タンパク質を変性させることがわかっています。加えて、**肌にやさしいイメージのあるアミノ酸系洗浄剤（グルタミン酸、アラニン、グリシン、サルコシンも同様）も、硫酸系洗浄剤と同じく細胞を死滅させタンパク変性率が高いとされています。**

その結果、体内に異物が入るのをブロックしている肌のバリア機能を破壊しています。角質層はうるおいを蓄え、乾燥と外部刺激から肌を守る役割を果たしていますが、これが低下するのですから、頭皮にも毛髪にも影響があるのは当然です。

シャンプーは水で洗い流してしまうものなのに、髪の毛はもとより、肌にも悪い影響を与えるのはなぜでしょうか。

「すすぎをおろそかにして、髪にシャンプーが残ってしまうから」と思っているのなら、それは大きな間違いです。どんなに一生懸命にすすいでも、硫酸系やアミノ酸系の洗浄剤を配合したシャンプーは髪や肌に残ってしまうのです。

最も刺激が強いとされる「ラウリル硫酸ナトリウム」について説明しましょう。

このラウリル硫酸ナトリウムは、その分子が非常に小さいことが問題です。そのため、髪や皮膚の凸凹にぴったりとはまり込み、水で流してもなかなか流れていきません。つまり、髪や肌への残留性が高い。これが大きな問題です。

お風呂でシャンプーをすれば、洗い流した水に顔はもちろん、背中や胸、全身がさらされます。硫酸系洗浄剤は単に髪に刺激を与えるだけでなく、皮膚は目に見えない小さな穴がたくさん空いている「多孔質」のため全身の皮膚に残留してしまいます。

これでも十分に恐ろしさはわかっていただけたかもしれませんが、**ラウリル硫酸が皮膚に残留して刺激になるのではなく、皮膚に触れたその時点から刺激が始まるのです。**そのくらい強い刺激があるということです。

ラウレス硫酸ナトリウムは、ラウリル硫酸ナトリウムよりも刺激性が緩和されているとされていますが、**親水基が硫酸であれば皮膚刺激は避けられません。**

また、アミノ酸系洗浄剤もタンパク変性率が高く、肌のバリア機能を破壊することは前述しました。

そこで注目したのが、お酢系洗浄剤でした。

詳しくは第4章に譲りますが、私が2008（平成20）年に特許を取得した安全な界面活性剤「ラウレス-3酢酸アミノ酸」はお酢系洗浄剤（※）で、細胞を殺さずタンパク変性を起こしません。つまり、肌のバリア機能を低下させることはなく、バリア機能はしっかりと構築されるというわけです。

また、シャンプー後に使うトリートメントも洗い流すもののひとつです。多くのリンスやトリートメントには、カチオン（陽イオン系）界面活性剤が使用されています。**カチオン界面活性剤は髪のツヤや指通りをよくしたり、質感を上げたりするのに必要な成分ですが、一方では殺菌剤として使用されています。**殺菌剤ですから、シャンプー後の髪にイオン的に吸着して、かゆみや肌あれの原因になる場合があります（192ページ参照）。

これを解消するため私は、カチオン界面活性剤に両性界面活性剤を加えることによってイオン的に中和させ、この刺激を緩和させることに成功しています。

さらに一般化粧品の洗い流すものには、クレンジングもあります。クレンジングは化粧品のなかで、最も刺激が強い化粧品だということはだれもが知るところです。クレンジングには**水系クレンジングとオイル系クレンジングがありますが、いずれも皮膚に負担がかかる成分で、使い続けることによって皮膚障害を起こしたり、肌がくすんでしまったりというトラブルが起こることがあります。**

これに対して私は、肌に刺激を与えることなく、赤ちゃん用の沐浴剤（保湿剤）として使え、しかもスピーディにきれいに落ちる液晶クレンジング（ゲルクレンジング）を開発しました。

液晶クレンジングは界面活性剤の親水基が親油基よりとても大きいため、洗浄時に水に反応して汚れに吸着して液晶ゲルを形成します。汚れを浮き上がらせることで、肌に刺激を与えません（１９６ページ参照）。

もうひとつ、一般化粧品の洗い流すものとして、洗顔があります。私が提案する洗顔料は石けんが主成分ですが、石けんの製造途中でできる皮膚への負担となる「遊離アルカリ」を最小限に抑え、皮膚を傷めずに洗い上げる低刺激フォームになっています（２００ページ参照）。

このように、**一般化粧品の洗い流すものについては、「バリア機能の構築」と「刺激緩和」がキーワードとなっています。**これこそが化粧品づくりの大切な基本方針です。

そしてもうひとつ、私の化粧品づくりの大切なポリシーは、常にＰＤＣＡ（Plan→Do→Check→Action）に則って研究を重ね、結果を出していることです。仮説に基づき成分構造を設計し（Plan）、実験を繰り返して正確なデータをとり（Do）、数値的に矛盾がないか、刺激がないかをきちんと検証し（Check）、それから初めて製品づくりに取りかかります（Action）。

私は、どんな製品をつくる場合にも必ずこの過程を踏みます。安全・安心への信念をもち、しっかりとした研究成果の裏付けのもとに開発し、完成した製品の安全・安心のデータを必ずとって確認するからこそ、自信をもってその安全性を語ることができるのです。

※ 本書では、「お酢系洗浄剤」は「ラウレス-3酢酸アミノ酸」を指します。また、「お酢系シャンプー」は「ラウレス-3酢酸アミノ酸シャンプー」のことです。

私が考えるベストな化粧品とは
②一般化粧品――洗い流さないもの

一般化粧品で洗い流さないものには、保湿・保護スキンケア、UVケア、メイクがあります。

保湿・保護スキンケアでは、角質層に対してより効果的な保湿・保護成分が求められます。そのため試行錯誤を繰り返し、セラミドポリマー、レシチンポリマー、そしてセラミドを使用しています。

セラミドポリマーは、天然セラミドを原料として何重にも重ね合わせてつくられた保護成分です。肌に塗布すると肌をやさしく包み込む「セラミドネットワーク」（柔軟性の高い膜）を形成する、まったく新しい機能性化粧品素材です。

レシチンポリマーは細胞膜と類似した構造（リン脂質類似構造）をもち、角質表面に皮膜（特殊リン脂質保護膜）を形成。吸湿性にも優れているため、皮膚に柔軟性と弾力性を与え、なめらかでハリのある健康的な肌をサポートしてくれます。

私は保湿・保護スキンケアの目的は、肌のバリア機能の構築に重点が置かれていなければいけないと考えています。市販メーカーは、安全な洗浄剤を持ち合わせていないため、たしかなバリア機能の構築ができていないのが現状なのです。

一般化粧品で洗い流さないものには、UVケアもあります。一般的に高いUVカット指数をもつ日焼け止めは皮膚刺激が強く、肌トラブルを起こしやすい紫外線吸収剤を使用しています。

これに対して私は、この紫外線吸収剤を一切使わず、刺激のない紫外線散乱剤のみで角質層を護る技術に成功しています。完成したサンシェードは、アレルギーや敏感肌の人も安心して使える「SPF（Sun Protection Factor）50＋」「PA（Protection Grade of UVA）＋＋＋＋」という最も高い紫外線（UVB／UVA）防御指数をもつ日焼け止めとなっています。

2018年夏、「ハワイで日焼け止め規制法が成立！」というニュースが流れました。

日焼け止めによく使われているオキシベンゼン、オクチノキサート（メトキシケイ皮酸オクチル）が、サンゴ礁を死滅させるため、この2種類の紫外線カット成分が含まれる日焼け止めの販売と流通が禁止されるというものです（実施は2021年1月1日から）。

この2成分は、刺激が強い紫外線吸収剤です。紫外線吸収剤は、一度皮膚内に紫外線を入れ、熱エネルギーに変換して紫外線をカットします。そのため、光接触皮膚炎

を起こすことは以前から知られていました。

ハワイのこの決定は、紫外線吸収剤は水溶性のためサンゴに悪影響があるという研究結果を受けてのものですが、それなら「皮膚にも危険なのでは？」と思った人はそう多くはなかったはずです。なぜなら、いま発売されているＵＶカット商品の９割に配合されている成分だからです。

私が考える紫外線散乱剤を使用するＵＶケア商品は、自然に存在する酸化チタンを使っているため、もちろんハワイでの使用も問題ありません。紫外線カット指数が高く、肌や環境への安全性も高いＵＶケアと言えるのです。


洗い流さないものにはメイクもあります。一般的なファンデーションの主原料として長年使われてきたのは、タルク、マイカ、セリサイトといった鉱石です。このうちタルクは、社会問題となっているアスベスト（石綿）ととても構造が似ている成分です。２００８年には、このタルクを主原料とするベビーパウダーを職場で長期間使用していた男性に、アスベスト被害の労災認定が出されたというニュースもありました。

また、マイカ、セリサイトには、色ぐすみの原因となる不純物が含まれています。このため、アレルギーやシミの原因になるとされています。

そこで私は、タルク、マイカ、セリサイトを一切使用しないファンデーションを提案しています。不純物を一切含まない粉体「合成金雲母《きんうんも》」を完成させ、肌への刺激の緩和に成功しています。

天然のものは安全で、合成されたものは危険と決めつけるのは大きな間違いです。**合成・天然を問わず、少しでも安全性に不安があるものは決して使用しない。**これも私の大切な考え方のひとつです。

私が考えるベストな化粧品とは
③業務用――洗い流すもの・洗い流さないもの

業務用の洗い流すものとしてはパーマ、ヘアカラー、洗い流さないものにはエステ技術用商材があります。

理美容サロンで使うものにも、洗い流すものと洗い流さないものがあり、洗い流すものの代表格はパーマ液です。

パーマ液には髪の毛のシスチン結合を切断する第1剤（還元剤）とシスチン結合を再結合させる第2剤（酸化剤）があります。第1剤を使って髪を軟化させ、髪の形状を変えた後に第2剤を使って再結合させるというのが基本的なパーマの仕組みです。

第1剤には、チオグリコール酸塩、システイン、最近ではシステアミンも使用されています。

第2剤には、臭素酸ナトリウム、過酸化水素水が使われます。

私とパーマ液とのかかわりは、約38年前になりますが日本の商社経由で、私のもとに「南アフリカ共和国の黒人の縮れた髪の毛をまっすぐにしてほしい」との依頼がありました。

その当時、日本ではまだストレートパーマという商品もない時代でした。

当初、日本の規格ではチオグリコール酸は7％が最大でしたが、それでは髪の毛がまっすぐに伸びません。そこでヨーロッパの規格を調べたら、還元剤（チオグリコール酸塩）11％となっていましたので、それを採用しました。その後何年かして、ストレートパーマが日本にも伝わり、同じ規格に変更になりました。

パーマ剤の第1剤では、パーマ液の浸透を高め還元反応を促進する目的で配合されるアルカリ剤の種類と濃度も重要なポイントです。その成分が揮発するかしないかで大きな違いがあります。

このアルカリ剤が、不揮発性のモノエタノールアミンで濃度が高いとアルカリ度が高くなり、予想以上に効果が出てしまい（オーバータイム）、髪の毛が縮れてしまいます。そして断毛が起こります。揮発性のアンモニアを使用すると揮発し、髪の毛にアルカリがたまらずに、オーバータイムを起こしません。

南アフリカ共和国の黒人の方は、髪の毛に浸透するのに長時間を要するので、不揮発性のモノエタノールアミンは危険です。揮発性のアンモニアにして1時間浸透させても、オーバータイムは起こりませんでした。その後、髪の毛がまっすぐにストレートになった写真を送ってくれたのですが、今でも忘れられません。

そんな経験から、チオグリコール酸の濃度が5〜11％の場合は揮発性のアンモニアを使用するのが髪の毛を傷めないコツだとわかったのです。

さて、パーマをすると髪の毛が傷む、というのは多くの人にとって半ば常識になっています。その原因が、還元剤を浸透しやすくするためのアルカリ剤にあるということも、美容業界の常識です。

第1剤にアルカリ剤を使用せず、酸性の薬剤のまま還元剤を浸透させることができれば、髪を傷めることはありません。しかし、アルカリ剤を使用しない酸性の第1剤など、これまで存在しませんでした。

そんな美容業界の不可能を可能にしたのが、私が発明し、特許を取得しているお酢から生まれた「ラウレス-3酢酸アミノ酸」（※1）でした。この成分の特性と機能を最大限に引き出し、促進剤として使用することによって「お酢酸性カール剤」を完成させることができたのです。特許成分を特許製法（※2）で配合するという、W特許製法によって生まれたカール剤というわけです。

お酢酸性カール剤は酸性のために塩結合が切断されず、髪を傷めません。また、アンモニアを配合していないのでパーマ臭もありません。髪や頭皮にやさしく、まるでトリートメントするようにウェーブをつくるので、これまでにないツヤや柔らかさが生まれます。

施術がしやすく、スタイリングの幅が大きく広がるカールシステムは、美容業界の常識を大きく変えていくと確信しています。

洗い流すものにはヘアカラーもあります。

ヘアカラーは、どのメーカーでもほとんど同じ配合で作られています。

もともとヘアカラーはⅣ型アレルギー（75ページ参照）を引き起こす成分で、パッチテストをして調べてから消費者が使用します。ところが、パッチテストをクリアしても頭皮がかゆくなることがあります。硫酸系やアミノ酸系のシャンプーを使用していると、頭皮のバリア機能が壊れ、非アレルギー性の方でも、アレルギーを発症する場合があります。そのために、シャンプーはお酢系のものを使うほうがアレルギーを予防できます。

業務用の洗い流さないものとしては、エステサロンで使用するプロ仕様の化粧品が該当します。

消費者の方は、エステサロンの化粧品を使っても、市販の高級化粧品を使っても肌質がなかなか好転したという実感がもてないのではないでしょうか。

なぜなら、**肌質はバリア機能が構築された肌しか好転しないからです。**

私が考えるプロ仕様の肌質改善のスタートラインは、お酢系のシャンプーを使用してバリア機能を改善し、液晶クレンジングで肌を傷めないことです。

また、肌質改善には、肌の新陳代謝（ターンオーバー）を規則正しい周期にすることが大事です。

バリア機能が構築された肌には、天然の植物などから抽出したグリコール酸を使ったソフトなケミカルピーリング（※3）を行い、肌に〝肌入れ替え〟の信号を送ります。

そして、すぐに中和して肌を整えます。中和をしないと肌をもっと強くしようと、角質層が厚く、硬くなります。

信号が送られた肌別に、シミ、シワ、敏感肌・日焼け肌、敏感肌・乾燥肌の個別の対応が必要です。イオン導入を組み合わせる方法もあります。

さらに、最も肌質改善が期待されるのは、単純な配合（レシチン）のクリーム処方にレチノールを配合して皮膚の表皮細胞（ケラチノサイト）や真皮にある線維芽細胞を活性化させることです。これらを行うことで、より良い肌をつくることができます。

※１　特許第５０５７３３７号　低刺激性液体洗浄組成物　登録日：平成24年８月10日
※２　特許第６５２２５７１号　毛髪処理剤及び毛髪浸透促進剤　登録日：令和１年５月10日
※３　安全性の高い酸を使用して、皮膚表面の不要な角質を取り除く美容法。肌の生まれ変わりのサイクル（ターンオーバー）を促します。

研究者としての使命と社会貢献とは

「刺激があっても洗い流せば刺激がなくなる」などという非化学的な考え方は現代で

はもう通用しません。

私がこれまで一貫して考え続けてきたことは、**「毎日使うものだからこそ安全なものでありたい」ということです。多くの方に安心して使い続けていただける製品をつくり続けることが、私たちのいちばんの役割だと考えています。**

それを象徴するのが、お酢系のシャンプーです。

現在、一般に流通しているほとんどのシャンプーは硫酸系洗浄剤、すなわちラウリル硫酸ナトリウムやラウレス硫酸ナトリウムを使用しているシャンプーです。この硫酸系洗浄剤が皮膚のバリア機能を破壊し、人体にさまざまな悪影響をおよぼしているにもかかわらず、硫酸系洗浄剤、スルホン酸系洗浄剤をなくす動きはまったく見られません。

多くの一般消費者は、知らず知らずのうちにさまざまな被害を被っているということはすでに述べました。

私は、この硫酸系洗浄剤をお酢系洗浄剤に替えることで、これまでにない**低刺激のシャンプーを開発しました。このシャンプーは、アレルギー肌や敏感肌、アトピー肌**

を改善させることができます。普通肌の人は、それらを予防することができます。肌は環境や季節によって揺らぎやすく、年齢によって変化するものです。それを予防していけることは、最高のお手入れといえるのではないでしょうか。

これまで市販の製品を使用し、肌あれや抜け毛、アトピー、喘息など、原因不明のさまざまな不調に悩まされてきた多くの人たちにとって、まさに福音となるシャンプーです。と同時に私たちは、これまで市販メーカーが決して口にしなかった硫酸系洗浄剤の危険性を積極的に告知し、一般消費者に「安全な化粧品とはなにか」を強く訴えてきました。

また、お酢系のシャンプーは、地球にやさしく、自然環境に対しても大きく貢献するものだと自負しています。

30年前に低刺激の洗浄剤を開発したときから、**お酢系の洗浄剤は生分解性がとても高く、地球環境にいいことがわかっていました。**今ほど、地球環境が声高に叫ばれない時代でしたから、耳を傾けてくれる人もほとんどいませんでした。

そして、お酢系洗浄剤「ラウレス-3酢酸アミノ酸」は、環境試験の結果、排水処理のCO_2量（二酸化炭素量）を23％も削減できることが証明されています。

消費者がお酢系の洗浄剤を使えば、肌の健康を取り戻せることはいうまでもなく、地球環境を守ることにもつながります。

消費者にシャンプーを硫酸系からお酢系に変更してもらうことは、私たちにとって大きな使命です。そして、この製品を消費者に紹介してくれる方にとっても、それはたしかな使命と社会貢献を実感できるのではないでしょうか。

また、お酢系のシャンプーを使用してお客様が喜んでくれるならば、それは私たちのみならずシャンプーを広めてくれる方たちにとっても大きな自信になり、仕事がますます面白くなっていくに違いありません。

私が作ったこのお酢系シャンプーは、ドラッグストアの店頭や通販では販売していません。アニオン界面活性剤を使ったシャンプーの危険性やお酢系シャンプーの優位性について、きちんと講習を受けたスタッフがいる美容サロンやエステティックサロンでしか買えないようにしています。

ネット通販全盛の今の時代にあって、なぜ世の中の流れと逆行するようなことをするのか。そうおっしゃる方もたくさんいます。

それでもこのやり方を変えないのは、「シャンプーで肌は変わる」ということを、消費者に本当に知ってほしいと思っているからです。

硫酸を使ったシャンプーは怖いということ、そしてお酢を使ったシャンプーはアレルギーの人でも安心して使うことができるということ。これをきちんと伝えられるのは、私たちの講習を受けたスタッフのいるサロン以外にないと思っています。

消費者にはサロンできちんと説明を受け、納得し、安心してお酢系シャンプー使っていただきたい。

かかりつけのサロンが髪と肌の「かかりつけ医」の役割を果たし、なんでも相談していただきたい。

そのような環境を整えることは、私の研究者としての使命と社会貢献のひとつだと考えているのです。

答えは、お酢系のシャンプーを使うこと

ある消費者の方から教えてもらったマンガ冊子のことをお話ししましょう。

『子ども法廷シリーズ③　出口のない毒　経皮毒』（真弓定夫監修・美健ガイド社発行）シリーズ第3弾の「シャンプー・リンス編」という32ページの子ども向けのマンガなのですが、石油由来の化学物質が多く含まれている一般的なシャンプーやトリートメントの危険性を紹介し、〝経皮毒〟の恐ろしさを伝えています。

内容をそのまま少し紹介しましょう。

「CMでは美しい髪になれるという強烈なイメージを視聴者に植え付けます。しかし、このシャンプーには重大な問題があります。それは含まれている成分です！　ここに載せられている石油由来の化学物質は経皮吸収され、私たちの体に深刻な害を与える可能性があります‼

これらの事実から誤った印象を与えるＣＭの放送を中止し、危険な化学物質が入ったシャンプーやリンスを販売しないでください」

と、子どもたちが法廷で訴状を読み上げます。

「確かにこのシャンプーには化学物質が含まれているけど、国の安全基準を満たしているのだから何ら問題ないでしょ」

被告側弁護人シリコン仮面はこう反論します。

「このシャンプーでできるのは偽物の美しさだけだ。実際には、化学物質で傷ついてしまった髪をさらに化学物質でコーティングして美しく見せているだけだ」

と言う子どもたちに、「科学的データはあるのか、あるなら見せろ」と被告側。

ここで原告側弁護人が登場し、子どもたちを支援します。

婦人科系の病気が増えているのは、化学物質が経皮吸収されるからだと続けます。

「見た目やＣＭに惑わされず、安全な製品と危険な製品を見分ける知恵を身につけ、賢い消費者になることが大切なんです」

そして、裁判官は、被告人である化粧品会社や化学会社、製薬会社などの代表に、

「すべての子どもたちが安心して使えるシャンプーを開発すれば執行猶予を与える」という判決を下します。

これは、まさに私が40年間、ずっと訴え続けてきた内容そのままでした。と同時に、このマンガ冊子が求めている回答、つまり**「すべての子どもたちが安心して使えるシャンプー」こそが、お酢系のシャンプーだと確信しました。**

これまでも、経皮毒という言葉はありました。それを避けるためには、すべての化学物質が危険で、唯一「石けん」だけが、安全だという内容のものが多く見受けられ

『子ども法廷シリーズ③　出口のない毒
経皮毒』(真弓定夫監修・美健ガイド社発行)
シリーズ第3弾の「シャンプー・リンス編」

ました。

　しかし、私たちは石けんだけが安全なのではないことを、最新の機器分析のデータで明らかにしています。


　この本を最初に出版したのは２０１５年のことです。お酢系洗浄剤の特許を取得してから3年後のことでした。その後、この**お酢系洗浄剤がいかに肌に対して低刺激であるかの試験を重ね、世界に向けて発信すべくアメリカ油化学会の学術誌『Journal of Surfactants and Detergents』に論文を投稿しました。するとその内容が評価され、２０１６年、同誌に掲載されたのです。**

　論文では、お酢系洗浄剤の安全性に加え、「ラウリル硫酸ナトリウム」を改良して安全だといわれていた「ラウレス硫酸ナトリウム」の刺激性をデータで示すことができました。さらに、髪や肌にやさしいというイメージが広がっている「アミノ酸系界面活性剤」も、硫酸系界面活性剤以上の刺激があると証明することができました。これは、私自身も大いに驚かされた結果でした。

このことについての詳しい内容は第４章に譲りますが、私は常々、なにごともデータが最も大切だと思っています。確かなデータがあってこそ、製品の安心・安全を語ることができるのです。

私の研究から得られたデータが世界的権威のある学術誌に認められたことは、私にとって大きな自信につながる出来事でした。

「刺激があっても洗い流すものだから大丈夫。安全だ」。そんな誤解は、いまなお多くの消費者がもち続けています。また、「洗い流すものほど皮膚に浸透しやすく危険」という事実に気づきながら、消費者に伝えようとするメーカーもありません。

私が、自らの経験を経てたどりついた答えは**「洗い流すものこそ低刺激で、肌にやさしくなくてはいけない」**ということです。これは、私の製品づくりの最も基本的な理念として、何より優先させているポリシーなのです。

第2章

お肌のしくみと
アレルギー・肌トラブルの関係

皮膚には4つの役割がある

ここでは、皮膚の役割と構造について説明します。

皮膚の役割と構造をきちんと知れば、本当に必要なお手入れとは何か、肌から遠ざけなければならないものは何かがおのずとわかってきます。それによって使ってもいい化粧品、使ってはいけない化粧品がわかってくるはずです。

皮膚（肌）の役割は４つあります。

①外界からの刺激を防ぐ働き

皮膚は内臓を守るために、外からの水、微生物、化学物質などの刺激や細菌の侵入を防ぎ、また紫外線からも守る役割を果たしています。この体内に異物が入るのをブロックする働きこそがバリア機能です。

②体温を一定に保つ働き

もともと皮膚は熱を通しにくい性質があり、暑さ寒さから身を守る働きをしています。暑くて体温が上昇したときには汗を出したり、毛細血管を開いて熱を放出したりして、体温を下げ、体を正常な状態に保つ役割を果たしています。

③感覚作用としての働き

皮膚には、いろいろな神経の末端が分布しています。硬いものや柔らかいもの、尖ったもの、熱いもの、冷たいものなど、身体に影響や危険をおよぼすものの感覚器としての役割を果たしています。

④分泌作用としての働き

皮膚から分泌されるのは、皮脂と汗で

す。汗の役割は体温調節がほとんどで、肌が乾燥したときに水分が蒸発しないよう、皮膚は皮脂《ひし》を出す役割を果たしています。分泌された皮脂は皮膚表面で皮脂膜となり、皮膚のうるおいとなめらかさを保つ働きをします。

このように皮膚は、人間の体を常に安定した状態に保つための防御機能を果たしているのです。

皮膚の構造を知ろう

それでは、4つの役割を果たす皮膚は、どのような構造をしているのでしょうか。

皮膚は「表皮《ひょうひ》」「真皮《しんぴ》」「皮下組織《ひかそしき》」の3層からできています。

空気に触れる、いちばん外側の層が「表皮」です。表皮は外的な刺激から体を守る役割を果たしています。この表皮をさらに細かく見ると、外側から「角質層《かくしつそう》」「顆粒層《かりゅうそう》」「有棘層《ゆうきょくそう》」「基底層《きていそう》」の4層に分かれています。

皮膚の構造

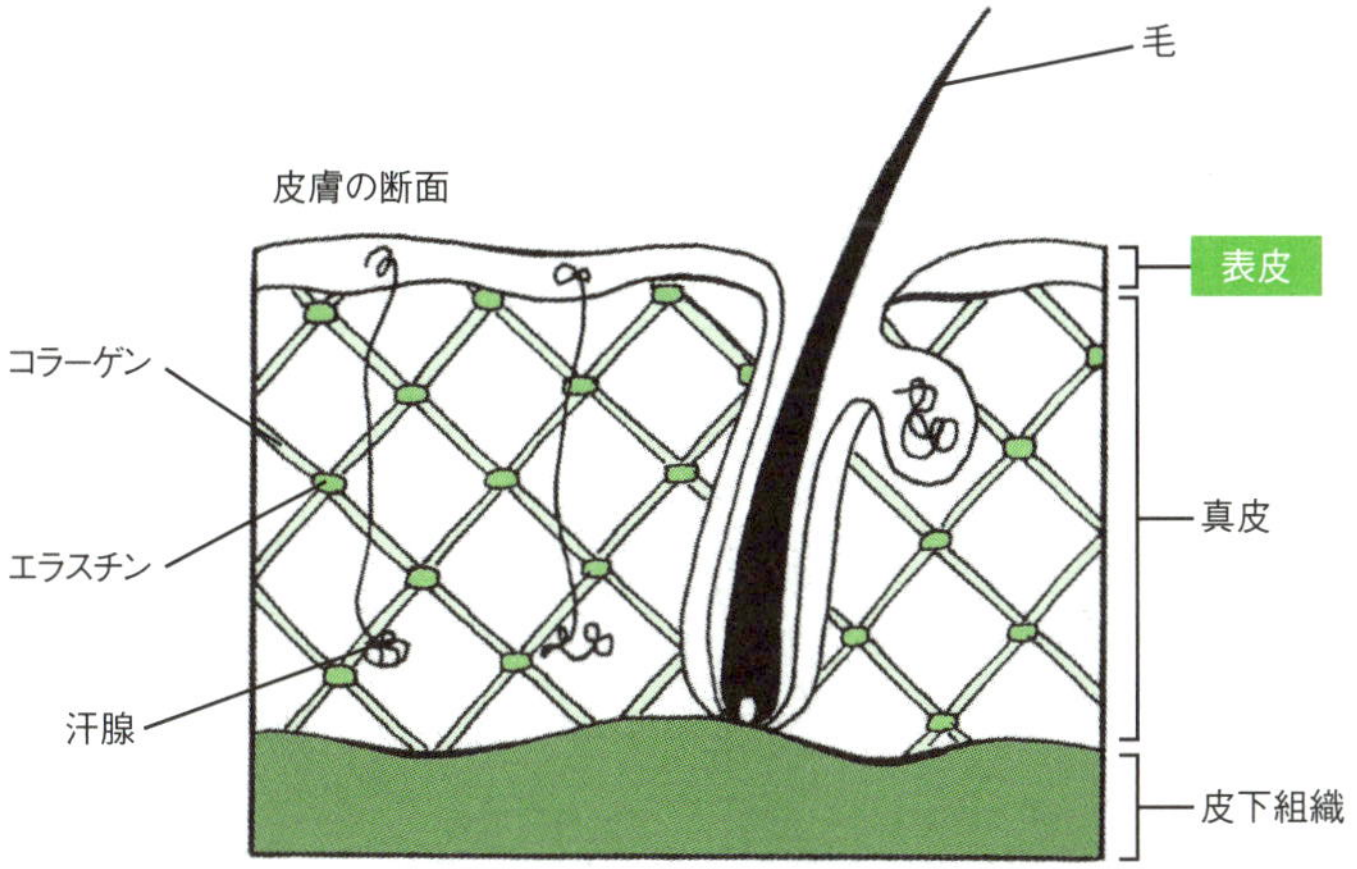
毛
皮膚の断面
表皮
コラーゲン
エラスチン
真皮
汗腺
皮下組織

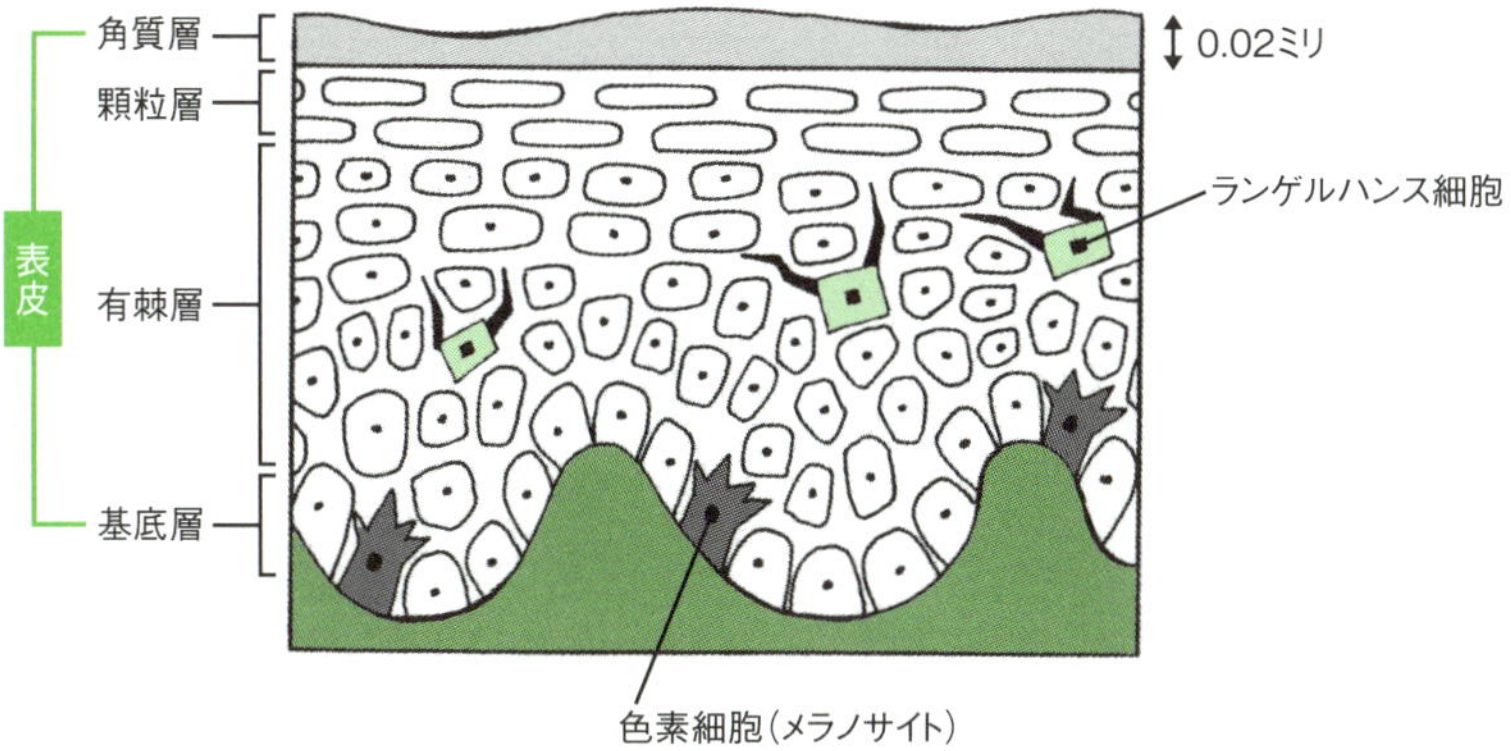
角質層
0.02ミリ
顆粒層
ランゲルハンス細胞
表皮
有棘層
基底層
色素細胞（メラノサイト）

この4層からなる表皮の下には「真皮」があります。この層には血管、リンパ管、神経、皮脂腺、汗腺などがあり、汗や皮脂の分泌、栄養補給を行っています。また、真皮は線維状のコラーゲンとエラスチンからなっており、お肌の「ハリ」や「弾力」は、この層によってもたらされています。

皮膚の最下層は「皮下組織」です。主に脂肪でできており、外部の温度変化や衝撃から体を守っています。

肌の美しさを決めるといわれる表皮について、もう少し詳しく見てみましょう。

肌のうるおいやキメを左右しているのが表皮です。いちばん下層の「基底層」は、角化細胞（ケラチノサイト）をつくり出す、いわば細胞生産工場です。この基底細胞の間にはメラニン色素を生成する細胞、色素細胞（メラノサイト）があります。

その上が「有棘層」で、表皮の中で最も厚い層です。細胞と細胞の間をリンパ液が流れ栄養補給をしています。アレルギーを感知するランゲルハンス細胞（70ページ参照）も有棘層にあります。有棘層はお互いが繋がっているおかげで、表皮がくずれずに支えられているのです。

有棘層の上が「顆粒層」で、紡錘型《ぼうすいがた》をした1~3層の顆粒細胞からできています。紫外線を反射させたり吸収したりもします。また、体に危険な酸・アルカリを中和して皮膚の防御もしています。形も徐々に細胞がつぶれてきて、角質層に到達する直前の表皮細胞が顆粒層の細胞です。


いちばん外側の細胞が「角質層」で、この角質層こそ肌のバリア機能の主役ともいえる層なのです。

角質層は厚さ0・02ミリほどあります。これは薄手の絆創膏1枚ほどの厚みです。硬いタンパク質でできた角質細胞が、10~15層に重なって構成されています。化粧品が、その機能で働きかけることができるのは、この角質層までといわれています。

化粧品のコマーシャルでよく聞く〝皮膚深く3層まで浸透する〟は、角質層の上中下のことで、決して顆粒層、有棘層、基底層に浸透するということではありません。

角質層は肌のうるおいを保つ重要な役割を果たしていて、しっかりした角質細胞をつくることや壊さないことで、肌のうるおいを保っています。

表皮の細胞は、通常28日周期で新しく生まれ変わります。基底層でつくられた新しい細胞が角質層へと押し上げられ、やがて角質細胞となり、最後には垢《あか》やフケとなってはがれ落ちていきます。このメカニズムを表皮の新陳代謝「ターンオーバー」といいます。

ターンオーバーが正常に行われることで、肌は常に新しい細胞に生まれ変わり、美しさを保つことができるのです。

ところが、角質層は刺激を加えられることによって細胞が壊れ、肌あれはもちろんのこと、シミができたり、アレルギーになったりします（詳しくは72ページ参照）。

バリア機能の主役である角質層とセラミド

表皮のいちばん外側にある角質層について、もう少し説明しましょう。

外界に直接触れるため、最も外的刺激を受けやすい層となるわけですが、この角質層こそ「肌のバリア機能」の主役ともいえる層なのです。このわずか0・02ミリの角質層が中からの水分を逃がさず（保湿）、外からの刺激を侵入させない（防御）という2つの働きをしています。

角質層が常に10～20％の水分を保てていると肌はしっとりうるおっています。皮脂や汗などからなる「皮脂膜」が角質層表面を覆って水分の蒸発を防ぐことに加え、角質細胞の中にある保湿成分である「天然保湿因子（ＮＭＦ）」が水分を抱え込み、さらに「細胞間脂質」が角質細胞を取り囲み、水分を逃がさないようにしているからです。

細胞間脂質は肌をみずみずしく保つ働きをしますが、なかでも特に大切な成分がセラミドです。セラミドは「細胞間脂質」を構成する成分のひとつで、その半分以上を占める成分。角質細胞の隙間に並び、体内の水分の蒸発や外からの刺激物の侵入を防いでいます。

セラミド（細胞間脂質）は、水になじみやすい部分と油になじみやすい部分をもっています。分子レベルではその水になじみやすい部分が向き合って層をつくり、その周囲を油になじみやすい部分が取り囲んでいるため、水分を保って逃さないわけです。そのような構造が、角質層のバリア機能に重要な役割を果たしています。

コップに水を入れ、1週間ほど放置すると水は蒸発してその量が減少します。しかし、水の上に油をたらしておくと、油がふたとなって水分の蒸発を防ぎます。セラミドは、角質層にとってちょうどこの油の役割を果たしていると考えられています。ところが、これを皮膚に置き換えてみると、角質層からセラミドを奪い、乾燥を引き起こす成分があるのです。

それが刺激の強い界面活性剤です。なかでも、**硫酸系洗浄剤、グルタミン酸・アラニンに代表されるアミノ酸系洗浄剤で肌を洗うことで、バリア機能が破壊されます。**

それはちょうど、油でふたをしたコップの水の、その油のふたを取り除くことと同じこと。そして、セラミドが奪われ水分が減少し、大切な角質層が壊れてしまいます。

するとシミの産生を誘導するインターロイキン1類とアレルギーを引き起こすインター

皮膚の断面図

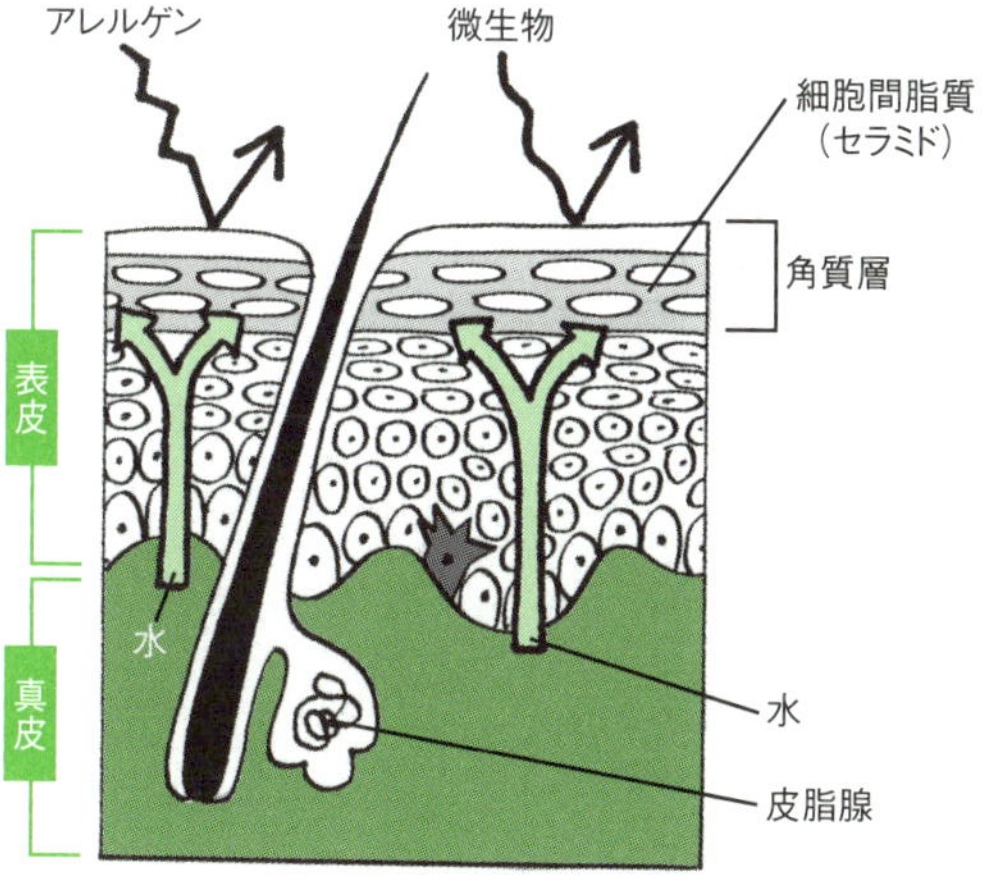

正常皮膚

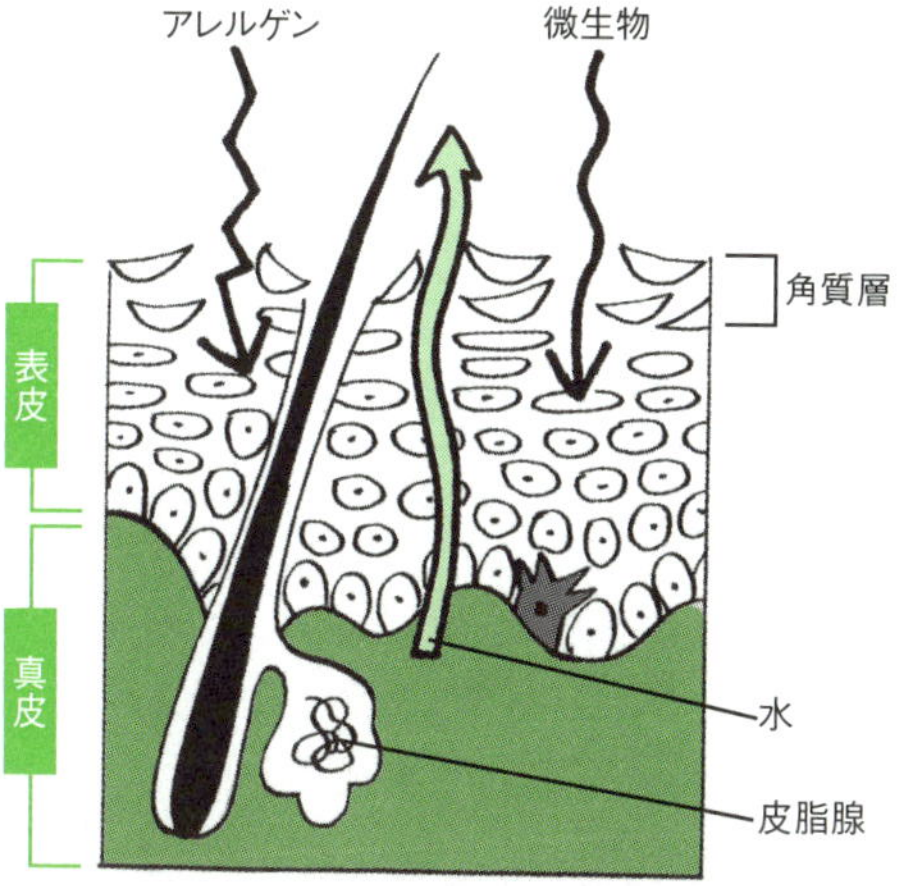

バリア機能が低下した皮膚

ロイキン4類などの細胞間情報伝達物質（サイトカイン）を産生します。詳しくはアレルギーのページ（72ページ参照）で解説しますが、**角質層からセラミドが奪われ、皮膚のバリア機能が壊れてしまうと、肌の水分は蒸発してしまいます。**

そして、微生物やアレルゲンが体に入ってきます。

つまり、肌にとっていちばん大切なのは、肌にやさしい洗浄剤を使い、角質層を壊さないでバリア機能を守ることなのです。

逆にいえばセラミドこそ、角質層のバリア機能を支える最重要な成分ということです。

表皮細胞の脂質の組成は、左図のように、細胞が体の表面へ移動し、分化するときにかなり変化します。角質層のうるおいを保持する重要な細胞間脂質はセラミドだといいましたが、これはスフィンゴ脂質という脂質で、基底層ではリン脂質（レシチン）を主成分とする脂質組成となっています。基底層から顆粒層、角質層と、細胞が体の表面へと移行するにつれ、スフィンゴ脂質（セラミド）を最も多く含む組成へと変化

分化の過程でヒト表皮の角質層中に存在する脂質分布

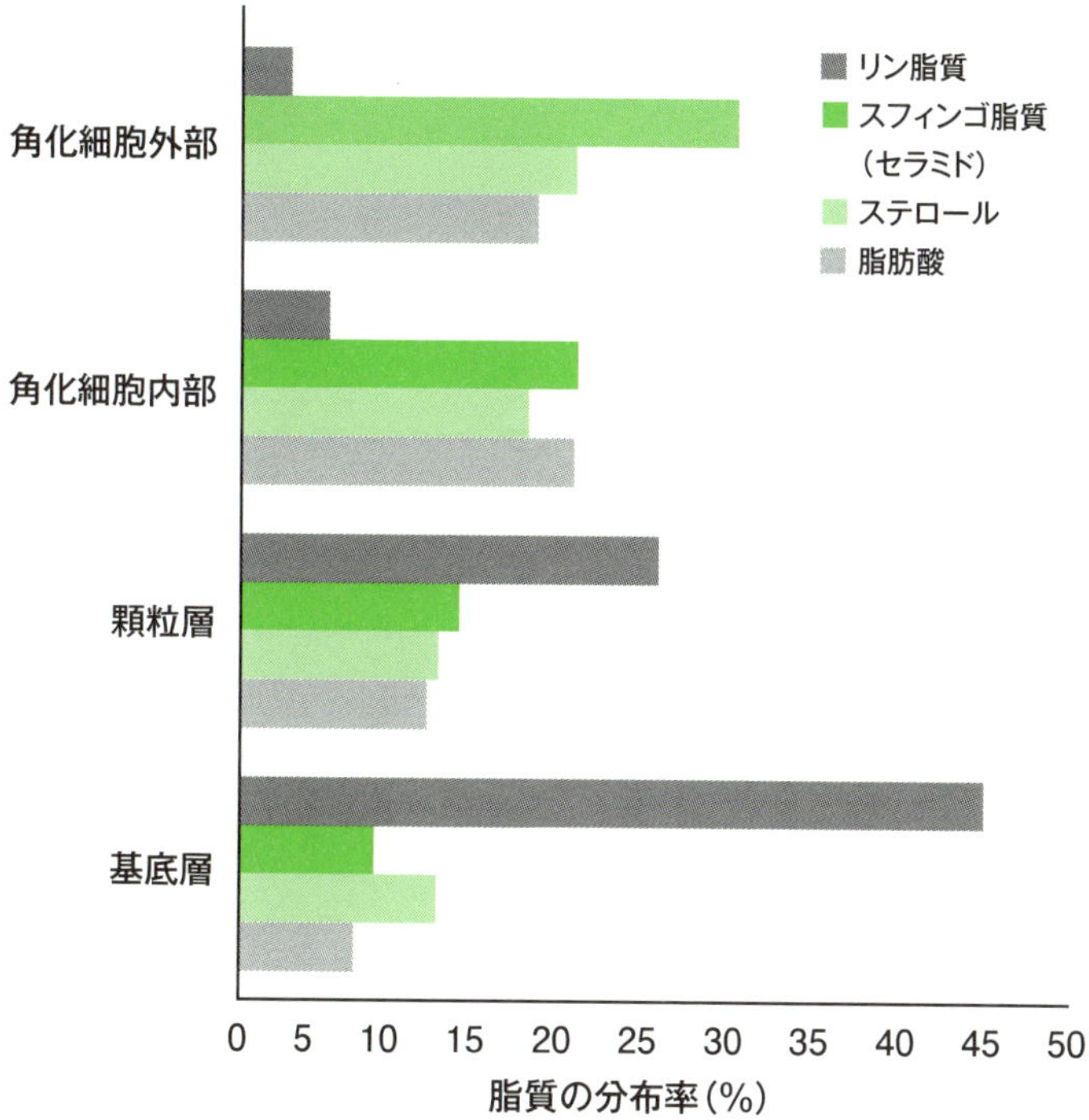

図のように表皮細胞の脂質の組成は、細胞が体の表面へ移動し、分化するときにかなり変化する。基底層ではリン脂質を主成分とする脂質組成だが、顆粒層、角質層と、細胞が体の表面へと移行するにつれ、スフィンゴ脂質（セラミド）を最も多く含む組成へと変化する。

資料:H.J.Yardley,et al. : Pharmacol.Ther.,13,357-383（1981）
M.G.Gray and H.J.Yardley : J.Lipid Res.,16,441-447（1975）

するのです。

このように角質層中の脂質分布が違うことから、角質層にはセラミドを、基底層にはレシチンを補給することを考えて処方されているローション、乳液、クリームが肌に有効といえるでしょう。

シミ・シワは「非アレルギー性反応」で起こる肌トラブル

肌に起こるトラブルといえば「炎症」「シミ」「シワ」「アレルギー反応」などがありますが、それらの発生には、さまざまな細胞や細胞間情報伝達物質が関与していま す。これらのすべてについてはまだ明らかになったわけではありませんが、徐々に関与する細胞や酵素が明らかになっています。ここではそんな皮膚に起こるトラブルの発生メカニズムを紹介しましょう。

まず、肌トラブルの原因を考えてみると、だれもがその害を知るところとなった紫外線やさまざまなアレルゲン（72ページ参照）が代表的なものとしてあり、そのほかには喫煙やストレスなどの悪い生活習慣、微生物や化粧品の刺激などがあります。これらの原因物質や要因が、私たちの皮膚の最外層にある角質層のブロックを通過した際に、多くの肌への悪影響が引き起こされるのです。この悪影響は大別すると「非アレルギー性反応」と「アレルギー性反応」に分けることができます。

はじめに、「非アレルギー性反応」から見ていきましょう。

非アレルギー性反応とは、紫外線、悪い生活習慣、化粧品の刺激などによって起こる「活性酸素の発生を介した悪影響」のことです。

硫酸系の洗浄剤によって破壊された角質層を、紫外線や微生物、化粧品の刺激などが通過し、加えて喫煙やストレスなどの悪い生活習慣が重なることによって、肌表面で活性酸素が発生するのです。

活性酸素とは「ほかの物質を酸化させる力が強い酸素」のことです。人間は呼吸で多くの酸素を体内に取り込みますが、そのうち2～3％が活性酸素、いわゆる悪玉酸素になるといわれています。活性酸素は殺菌力が強いため、体内で細菌やウイルスを撃退する役目を果たしますが、必要以上に増えると正常な細胞や遺伝子を攻撃（酸化）します。この結果、免疫力が落ちたり、肌あれやシミなどを引き起こしたりし、さらには動脈硬化や心筋梗塞など、重篤な病気にもつながっていきます。

よく「細胞がサビつく」「体がサビつく」などと表現しますが、これは活性酸素によって体の細胞が酸化するということを表しているのです。

さて、非アレルギー性反応は、肌表面に発生した活性酸素によって傷つけられた細胞がインターロイキン-1α《イチアルファ》（IL-1α《アイエルワンアルファ》）という細胞間情報伝達物質を放出し、周囲の細胞に危険を知らせることで始まります。その伝達を受けると、マクロファージ（白血球の一種）やマスト細胞（肥満細胞）から、プロスタグランジンと呼ばれる生理活性物質が放出され「炎症」が引き起こされます。

また、ケラチノサイト（表皮を構成している細胞の大部分である角化細胞）では、エンドセリン（ET-1）やSCF（幹細胞増殖因子）の産生によりメラノサイトが活性され、「メラニン産生」を引き起こし、GM-CSF（顆粒球マクロファージコロニー刺激因子）の影響で、真皮では肌のハリや弾力を保っている「エラスチン線維」の切断が進みます。

このような発生機構の結果、皮膚ではサンバーン（紅斑反応）やサンタン（色素沈着）、シミ・シワの発生、かゆみや敏感肌の出現が起こります。この反応は紫外線による影響が最も強いため、最近では光老化《ひかりろうか》と呼ばれ注目されていますが、長い期間をかけていろいろな悪影響を起こすため、常に予防の考えが必要な反応といえます。

アレルギー反応)とその伝達機構

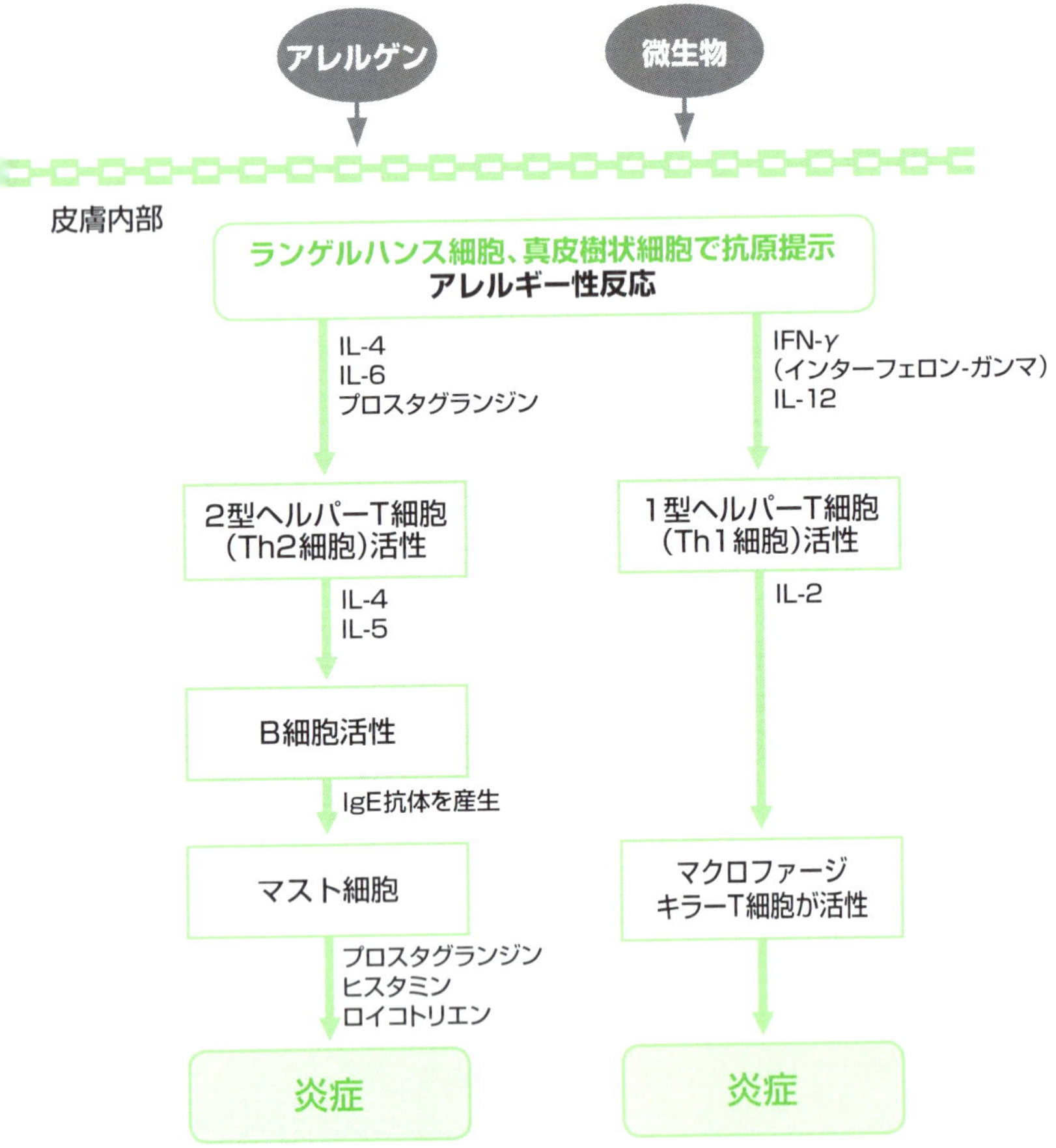

·I型アレルギー
(即時型反応)
·アトピー性皮膚炎
·花粉症
·じんましん
·食物アレルギー

·IV型アレルギー
(遅延型反応)
·アレルギー性皮膚炎
·移植臓器に対する
拒絶反応
·ツベルクリン反応

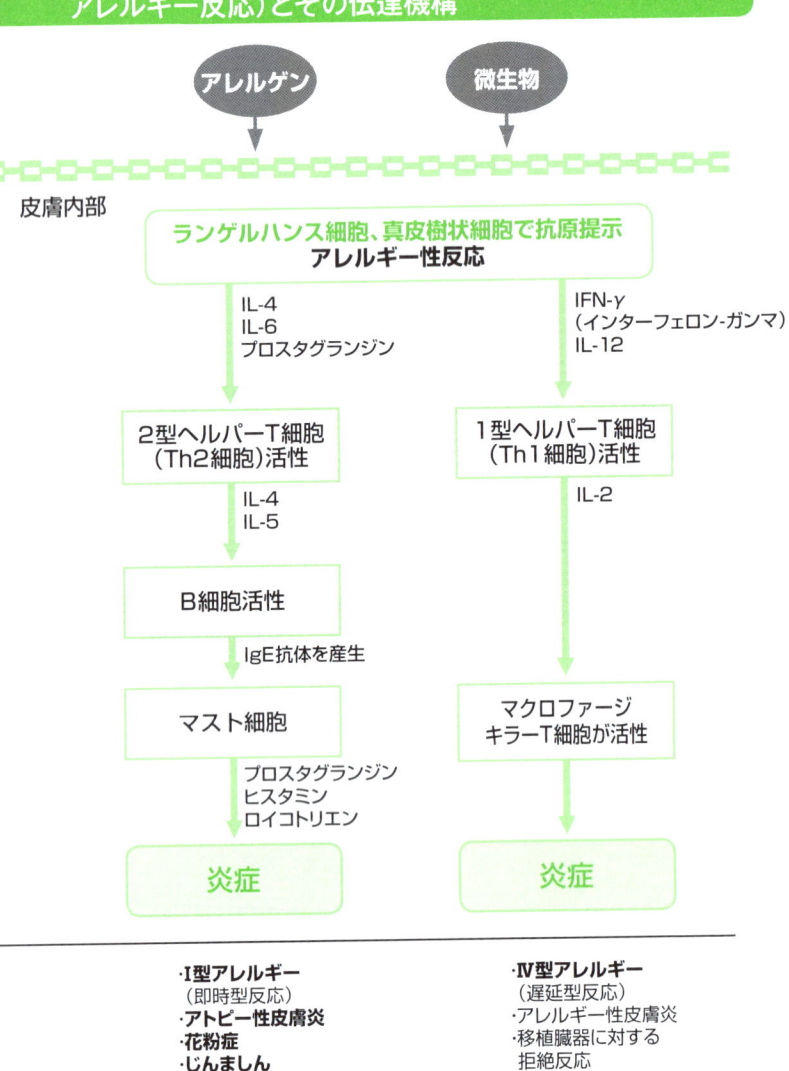

皮膚で起こる悪影響（活性酸素・

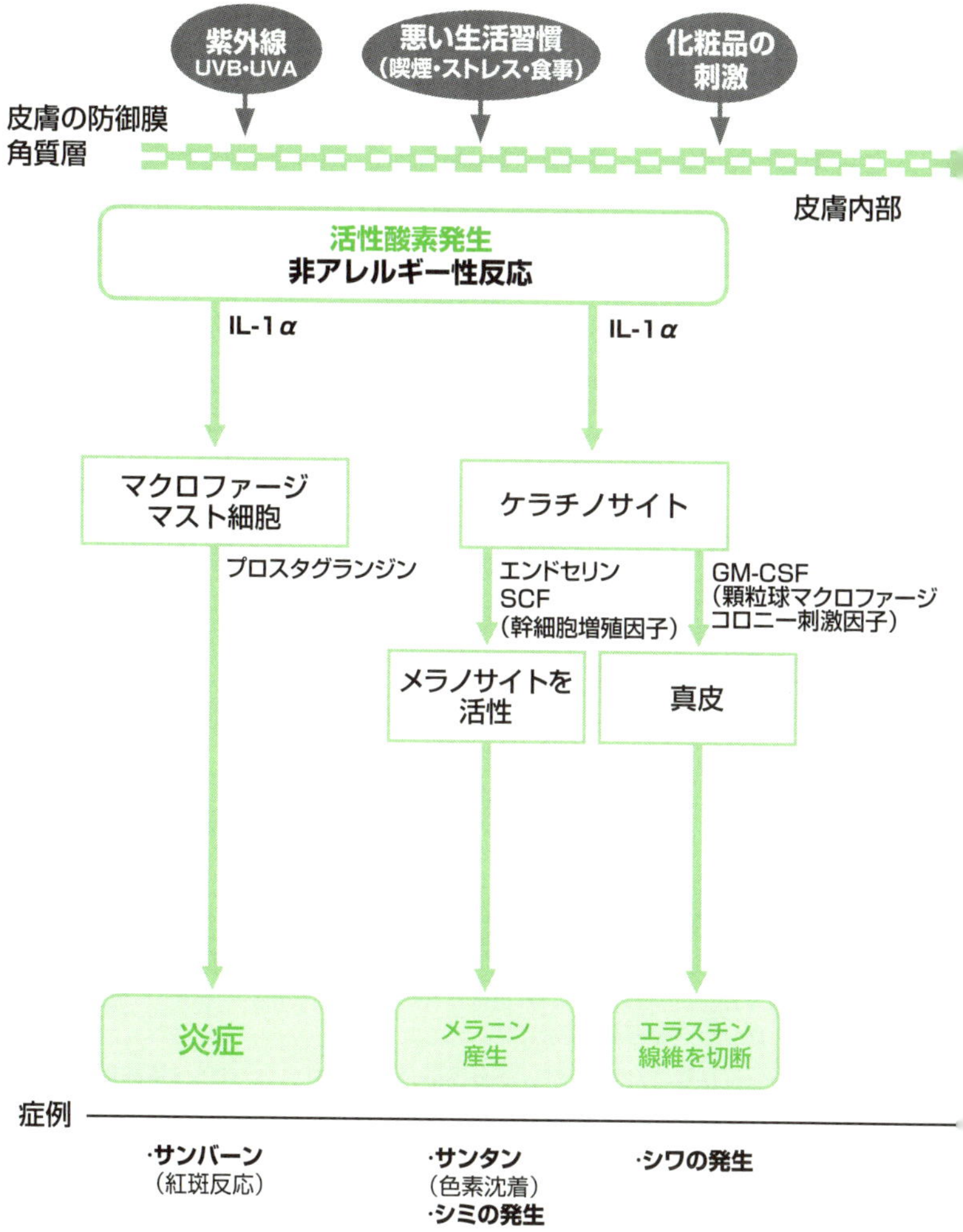
紫外線
UVB・UVA
悪い生活習慣
（喫煙・ストレス・食事）
化粧品の
刺激
皮膚の防御膜
角質層
皮膚内部
活性酸素発生
非アレルギー性反応
IL-1α
IL-1α
マクロファージ
マスト細胞
ケラチノサイト
プロスタグランジン
エンドセリン
SCF
（幹細胞増殖因子）
GM-CSF
（顆粒球マクロファージ
コロニー刺激因子）
メラノサイトを
活性
真皮
炎症
メラニン
産生
エラスチン
線維を切断
症例
・サンバーン
（紅斑反応）
・サンタン
（色素沈着）
・シミの発生
・シワの発生

主な免疫細胞と抗体の種類と役割

マクロファージ	白血球の一種で、体内に異物が入り込むと急行し、自分の中に取り込んで処理する。処理しきれなかったときは、ヘルパーT細胞に情報を伝える。
マスト細胞（肥満細胞）	造血幹細胞でつくられる細胞のひとつ。体の防御に大切な役割を担っているが、アレルギー発症のメカニズムに大きくかかわっている。
1型ヘルパーT細胞（Th1細胞）	ヘルパーT細胞には、1型と2型があって、マクロファージやキラーT細胞を活性化させたり、B細胞にIgG抗体産生を促すのが1型ヘルパーT細胞。
2型ヘルパーT細胞（Th2細胞）	B細胞にIgE抗体産生を促すのが2型ヘルパーT細胞。
B細胞	英語のBone（骨）の頭文字をとったもので、抗体をつくれる唯一のリンパ球。
IgE抗体（免疫グロブリン）	免疫に関係しているタンパク質である免疫グロブリンのひとつ。抗原と結合し、アレルギー反応が起こると、マスト細胞から炎症を引き起こす物質を放出させる。
キラーT細胞	ヘルパーT細胞からの指令を受けとると、感染した細胞に攻撃を加える。
ランゲルハンス細胞	表皮有棘層に存在する樹状細胞で、表皮全体の細胞数の2〜5%を占めている。皮膚免疫をつかさどる細胞で、外部から侵入する細菌やウイルス、化学物質、かび、放射線、紫外線、温熱、寒冷等の刺激や、皮膚内部の状況を脳へ伝え、皮膚の均衡を保つセンサーの役目をしている。
真皮樹状細胞	細菌や異常細胞を取り込み、分解したあと、その特徴をT細胞に情報を伝える。

主な生理活性物質とその働き

プロスタグランジン	痛み・熱・腫れなどの炎症を引き起こす生理活性物質。
エンドセリン（ET-1）	血管内皮細胞由来のペプチドで、強力な血管収縮作用を有する。
ヒスタミン	せきや鼻水などのアレルギー症状の原因物質となる生理活性物質。
ロイコトリエン	アレルギー反応により体内に生成され、気管支喘息や鼻づまりの原因となる。

主なサイトカイン（細胞間情報伝達物質）とその働き

インターロイキン-1α（IL-1α）	免疫細胞に働いてその増殖と活動性を促進する。
インターロイキン-2（IL-2）	ヘルパーT細胞が分泌するサイトカインで、活性化T細胞とB細胞を活性する。
インターロイキン-4・5（IL-4・IL-5）	2型ヘルパーT細胞が分泌するサイトカインで、B細胞を活性する。
インターロイキン-6（IL-6）	リンパ球が分泌するサイトカインで、B細胞を抗体産生細胞に変化させる。
インターロイキン-12（IL-12）	B細胞や樹状細胞が分泌するサイトカインで、未感作T細胞に作用して1型ヘルパーT細胞への分化を抑制し、2型ヘルパーT細胞への分化を促進する。
幹細胞増殖因子（SCF）	幹再生促進因子のひとつで、メラノサイトを活性化する。
顆粒球マクロファージコロニー刺激因子（GM-CSF）	主に活性化T細胞より分泌されるサイトカインで、顆粒球およびマクロファージ系前駆細胞に作用して、その分化・成熟を促進する。
インターフェロン-ガンマ（IFN-γ）	ヘルパーT細胞が分泌するインターロイキンの一種。B細胞やマクロファージを活性化するタンパク質。

アトピー・じんましんは「アレルギー性反応」で起こる肌トラブル

一方の「アレルギー性反応」は、前述した過剰な免疫防御によって引き起こされる反応です。個人差が大きく、症例もさまざまで、近年では増加傾向にあります。

そもそもアレルギーとは、ギリシャ語で「普通とは異なる、変化した反応能力」という意味です。細菌やウイルス、アレルゲンなどの異物（抗原）が体内に侵入すると、体はそれに対抗する物質（抗体）をつくり、これらを排除しようとします。アレルゲンとは、アレルギーを引き起こす原因となる物質や環境要因の総称で、呼吸器から体内に侵入するもの（花粉、ダニ、ハウスダスト、動物の毛など）、食物性のもの（卵、牛乳、魚類、大豆など）、角質層から表皮に侵入し、タンパク変性を起こすもの（界面活性剤など）があります。

ところが、この抗原が2回以上侵入すると、体に備わった生体防御システムが過剰に反応してしまいます。これがアレルギー性反応です。

この生体防御システムのことを「免疫」といいます。血液中にある白血球のように、先天的にもっている抵抗力のことを自然免疫、おたふく風邪やはしか、インフルエンザなど、後天的に得られる抵抗力のことを獲得免疫といいます。

では、どのようにアレルギー性反応が起こるかというと、アレルゲン、微生物、化粧品の刺激、悪い生活習慣などに肌がさらされることで、表皮の有棘層にあるランゲルハンス細胞や真皮樹状細胞から抗原を提示されることによって始まります。この抗原を受けとると体内では、その抗原を判断し抗体と呼ばれる即効性のある物質で体を防御するかどうかを判断します。


アレルギー性反応には、種類や症状が多くあります。アレルゲンの種類によって、発症する症状も変わってきます。また、ＩｇＥ抗体（体内でつくられる抗体のひとつ）の種類によってⅠ～Ⅳ型までの４種類に分けられ、それぞれ発症する症状も違ってきます。

ここでは、一般的なアレルギーとされる「Ⅰ型アレルギー」と「Ⅳ型アレルギー」について説明しましょう。

まず、Ⅰ型アレルギーの仕組みについて説明します。

アレルゲンが侵入し、抗体による撃退が決定されるとインターロイキン-4（IL-4）やインターロイキン-6（IL-6）、またプロスタグランジンなどの生理活性物質**が発生し、2型ヘルパーT細胞（Th2細胞）が活性されます。**このTh2細胞はB細胞を活性化し、IgE抗体（免疫グロブリン）を発生させることで抗原から防御しますが、この際にマスト細胞からプロスタグランジンやヒスタミン、ロイコトリエンなどの生理活性物質を産生し炎症を引き起こします。

これの過剰な反応が即効性の「Ⅰ型アレルギー」と呼ばれるもので、症例としてはアトピー性皮膚炎や花粉症、じんましん、食物アレルギーなどが当てはまります。

このⅠ型アレルギーは、アレルゲンの侵入に、飲酒や運動が加わることで発症しやすくなります。つまり、悪い生活習慣によってアレルギーを引き起こしやすくなるのですが、そもそもアレルゲンを侵入しやすくしているものは硫酸系の洗浄剤です。

よく化粧品の広告などに「肌の免疫力を上げる」といった表現が見受けられますが、それには疑問があります。

肌の免疫力を上げるということは、角質層におけるバリア機能を高めるということです。それはつまり、硫酸系洗浄剤の使用をやめ、バリア機能を破壊しないという以外に方法はありません。

保湿だけでは絶対に免疫力は上がりません。そのためには、洗浄剤、つまり洗い流すものを変えるしか方法はないのです。


一方、Ⅳ型アレルギーは、抗体を利用せずに抗原から防御する際に起こるアレルギー反応で、抗原提示によりインターフェロン‐ガンマ（ＩＦＮ‐γ）やインターロイキン‐12（ＩＬ‐12）が発生し、１型ヘルパーＴ細胞（Ｔｈ１細胞）が活性される反応がこれにあたります。この反応では、最終的にマクロファージやキラーＴ細胞が活性され抗原を攻撃することで体を防御します。

このアレルギー反応が遅延型反応の「Ⅳ型アレルギー」と呼ばれるものですが、この反応も過剰になると、アレルギー性皮膚炎や移植臓器に対する拒絶反応などに進み、炎症を起こします。ツベルクリン反応などもこれに当たります。

このようにアレルギー性の悪影響については、まずアレルギーの原因となる物質を明らかにすることが先決で、それが判明すれば、それを防御するために保湿・保護性能の強い化粧品を利用するなどが解決手段のひとつです。

「非アレルギー性反応」「アレルギー性反応」は、どちらも化粧品による刺激というのが原因のひとつに挙げられています。

つまり、逆からいえば、**シミを発生させないためには、インターロイキン-1αなどのサイトカインを発生させないこと。同様に、インターロイキンの4や6が発生しなければ、Ⅰ型アレルギー（即時型反応）といわれるアトピー性皮膚炎や花粉症になることはありません。**インターロイキンの12やインターフェロン-ガンマが発生しなければ、金属アレルギーや色素アレルギーなどのⅣ型アレルギー（遅延型反応）が起こることもないと考えられます。
発生機構の全貌が解明されたわけではありませんが、今すぐにできることは、紫外線やアレルゲンを侵入させない、健康なバリア機能を維持することです。

皮膚は私たちの体の中の最大の臓器です。化粧品は一日中肌につけるものですから、少しでも刺激のある化粧品を使用すれば、肌に大きな影響を与えてしまうのです。そのため、化粧品の中身を判断し安全な製品を選別するのは非常に重要であるといえます。私は、肌への安全性をいちばんに考え、肌トラブルを予防す

る製品設計を実施しています。

硫酸系洗浄剤で肌に起こるアレルギー

炎症を起こしやすい肌には2タイプあります。

紫外線、化粧品、洗剤、温度・湿度の変化など、外部からの刺激に反応する「敏感肌」と、ダニ、カビ、金属、化粧品、花粉など、アレルゲンに反応する「アレルギー肌」です。

いずれにしても、炎症を起こしやすい肌はバリア機能が弱まっています。肌のバリア機能が低下しているということは、紫外線、アレルゲン、微生物など、外界の刺激を受けやすい状態になっているということです。刺激によって皮膚内部で活性酸素が発生すると非アレルギー性反応が起こり、また、ランゲルハンス細胞で抗原が提示されるとアレルギー性反応が起こり、肌トラブルに直結してしまいます。

皮膚のバリア機能を低下させてしまうのは、これまでも説明してきたように硫酸系やスルホン酸系のシャンプーです。

本来皮膚は、角質細胞の中にある天然保湿因子（ＮＭＦ）やセラミド（細胞間脂質）などによりバリア機能が働いており、外からの物質の侵入や水分の蒸発による皮膚の乾燥を防いでいます。しかし、硫酸系洗浄剤を使うことで皮膚はタンパク変性を起こし、皮膚のバリア機能が弱まってしまいます。すると、外からの異物や刺激が容易に皮膚の中に侵入しやすくなるというわけです。

アトピー性皮膚炎と並び、近年、多くの人を悩ませている花粉症もアレルギー性反応のひとつです。花粉症を引き起こすアレルゲンであるスギ花粉などは、目や鼻の粘膜から侵入します。**硫酸系のシャンプーを使えば、肌のバリア機能は低下するわけですから、同時に目や鼻の粘膜のバリア機能も弱まっていると考えられます。**

花粉症で目や鼻がかゆかったり、むずむずしたりすると、少しでも早くシャワーを浴びてさっぱりしたいと思うものですが、そこで硫酸系シャンプーを使えば元の木阿《もくあ》弥《み》。さっぱりするのと同時に肌のバリア機能をいっそう低下させ、ますます花粉が侵入しやすい状態をつくっているということになるのです。

それが証拠に、**お酢系のシャンプーを長年使用している人のなかに、花粉症やアレルギー肌の人は極端に少ないのです。**実際、お酢系シャンプーを使うことによって肌のバリア機能が低下することなく、しっかりと構築されているからです。

アレルゲンは皮膚から入る

肌アレルギーだけでなく、バリア機能が低下した皮膚から加水分解コムギが浸透してアレルギー性皮膚炎を発症し、パンやうどんなどの小麦食品を食べると食品アレルギーを発症した例もあります。多くの人が食物アレルギーは口から摂取し、引き起こされると思っていましたが、**アレルゲンは胃や腸からではなく、皮膚から取り込まれていることを広く知ることになりました。**

この加水分解コムギがアレルギー症状の引き金となった事件は、副作用がなく安全であるはずの化粧品を使って重篤な全身アレルギー（食品アレルギー）を発症したのですから、化粧品を毎日使う女性たちを不安にさせました。しかし、皮膚のバリア機能の個人差によって、すべての人に発症するということはありませんでした。

このことから、やはり私たちは「硫酸系洗浄剤による間違った〝洗う〟により、肌のバリア機能は崩壊する」「全身で起こる食品アレルギーも、発症（抗体産生）は肌から」ということを改めて知ることとなりました。

アレルギーは私たちにとって恐ろしい側面をもっています。とはいえアレルギーは、現代先進国に暮らす私たちのような人間にだけ起こるものです。東南アジアの水上生活者やアフリカの大地に暮らす原住民など、私たちからすれば劣悪な生活環境で暮らす人たちには起こりません。何故でしょうか。ギョウ虫、回虫、サナダ虫などの寄生虫の存在も影響しているかもしれません。

しかし最大の原因は、私たち先進国で暮らす現代人が、清潔になりすぎたことです。

手、顔、髪、そして全身を硫酸系洗浄剤で洗い続けたことにより、肌のバリア機能が破壊され、アレルゲンが体内に侵入しやすくなっているからです。

さまざまな肌トラブルやアレルギー性反応は、以下の3つのステップによって発症します。その出発点は、やはり〝洗う〟なのです。

①硫酸系洗浄剤を使って、毎日間違った〝洗う〟により、肌の角質層（バリア層）が破壊

②角質層（バリア層）が傷つくことで、さまざまな外的因子が侵入

③有害な外的因子が肌トラブル・アレルギーを引き起こす

硫酸系洗浄剤を使って間違った〝洗う〟を続ければ、正しい保湿や保護を行ったとしても、肌トラブルやアレルギーが継続的に引き起こされるのです。

アミノ酸系洗浄剤もアレルゲン!?

耳なじみのいいアミノ酸系洗浄剤も、アレルゲンの可能性があるのではないか。

アミノ酸系洗浄剤は肌にやさしいというイメージがありますが、アミノ酸は人体の構成成分のひとつです。**皮膚に含まれるアミノ酸と同じアミノ酸を使用しているために、肌や頭皮に吸着しやすい危険性があります。**吸着すれば、皮膚は炎症やかゆみを引き起こすこともあります。私は、かねてからアミノ酸系洗浄剤もアレルゲンのひとつと考えていいのではないかと考えていました。

前章でもお伝えしたように、この本を最初に刊行した2015年当時はアミノ酸の刺激を証明するデータを提示できずにいました。その後研究を続け、私自身にわかには信じ難いデータを得ることができ、その論文は、アメリカ油化学会の学術誌『Journal of Surfactants and Detergents』（2016年3月号）に掲載されました。詳細は第4章に記しますが、**アミノ酸系のなかのグルタミン酸系、アラニン系、グリシン系の**

3つは、硫酸系洗浄剤よりもさらに強い刺激があることがわかったのです。

アミノ酸系洗浄剤を使ったシャンプーは髪や肌への刺激が少なく、コンディショニング効果が高いと思われています。そのため、市販されているアミノ酸系シャンプーは、肌にやさしいシャンプーというイメージが定着してしまっています。ところがアミノ酸系シャンプーは、肌のバリア機能を破壊することがはっきりしました（182ページ参照）。

アミノ酸系シャンプーは、その性能上、泡立ちが悪く洗浄効果が低いという問題点があります。これをカバーするために、刺激のある硫酸系洗浄剤を配合したり、数種のアミノ酸洗浄剤を大量に配合したりしているものも少なくありません。アミノ酸は、肌や髪に残りやすい性質があることから、大量に使用することはもってのほか。ましてや、硫酸系シャンプーよりも刺激が強いことがはっきりしました。

結局、肌や頭皮への刺激が少なく、泡立ちや洗浄力もよい洗浄剤は、お酢系洗浄剤以外にはないのです。

非アレルギー性肌トラブル――シミ・シワの予防法

アレルギー性肌トラブルの代表が、アトピー性皮膚炎や花粉症などの肌の炎症、かゆみとすると、非アレルギー性肌トラブルの代表は、シミ・シワといえるでしょう。**シミ・シワは、紫外線による慢性的な光老化が主な原因と考えられます。**肌にダメージを与える紫外線には、UVA（紫外線A波＝生活紫外線）とUVB（紫外線B波＝レジャー紫外線）があります。

UVAは、地表に届く全紫外線のうち90％以上を占めるといわれています。それ自体のエネルギーは弱いものの、波長が長く表皮だけでなく肌の奥の真皮にまで届きます。直接的なDNA損傷ではなく、主に活性酸素による損傷を起こし、慢性的にシミ・シワ・光老化の原因となります。

UVBは全紫外線の5％ほどといわれ、主に肌表面で吸収されて真皮層まで達することはあまりありません。しかし、UVAより強いエネルギーをもっているため、表皮に大きな影響を与え、ＤＮＡ損傷を引き起こします。肌が赤くなるサンバーンやメラニン色素が沈着して褐色になるサンタンを引き起こし、シミ・シワ・ソバカスの原因になります。

このような紫外線の怖さを知ると、ＵＶケアを怠るわけにはいかなくなります。通年使うことを考えると、紫外線防御効果が高く、肌へのやさしさも兼ね備えたものを選ばなくてはなりません。

市販の日焼け止めのほとんどは、肌への刺激が強い「紫外線吸収剤」が配合されています。**紫外線吸収剤は、一旦紫外線を皮膚内に入れ、それを熱エネルギーに変換して紫外線をカットします。そのため、光接触皮膚炎を起こす**ということがあります。このことは、ほとんどの化粧品メーカーは知っています。ハワイでは、サンゴ礁を死滅させるという理由で紫外線吸収剤の使用は禁止されました。

これに対して私は、肌への刺激が強い紫外線吸収剤は一切使わず、肌に負担をかけない「紫外線散乱剤」だけを使って、高いＵＶカット機能を実現しています。紫外線吸収剤を使ったUVケア剤にありがちな重さもありませんし、朝一度の使用で塗り替えの必要もありません。もちろん、アレルギー肌や炎症肌の人、子どもでも安心して使うことができます。

多くのメーカーは、紫外線散乱剤に肌刺激がないことを知りつつも、高いUV値が出せない、散乱剤だけでは白浮きするなどの理由から、紫外線吸収剤の使用をやめようとはしません。

多くの人が気軽に選びがちな日焼け止めですが、きちんと成分をチェックしないと、重大な肌トラブルの原因になることを知っておいてほしいと思います。

紫外線防御メカニズム

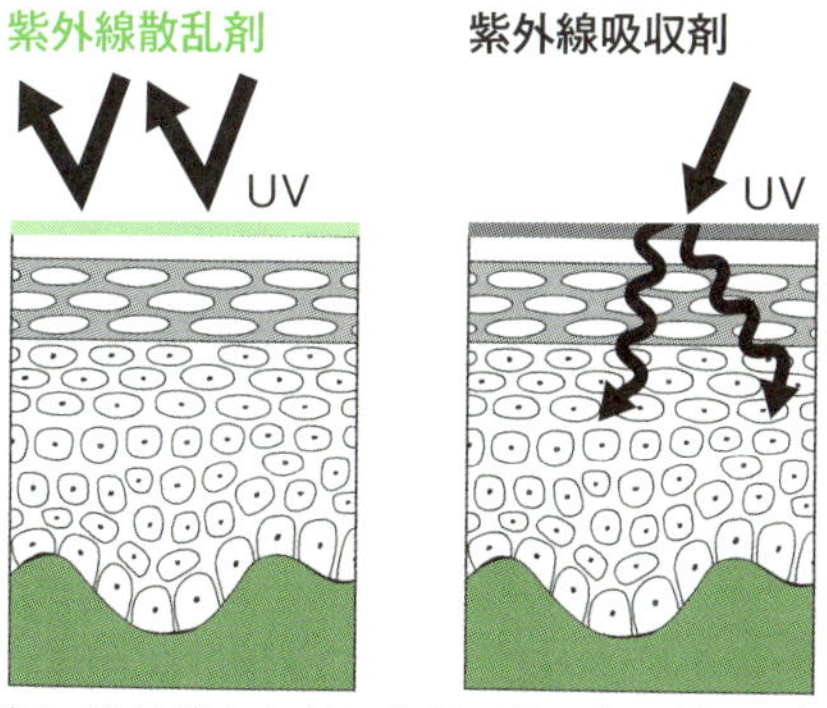

紫外線吸収剤は、紫外線を皮膚の内部で熱エネルギーに変換して紫外線を防ぐため肌に負担をかける。一方、紫外線散乱剤は紫外線を鏡のようにはね返して防ぐので肌にやさしい。

そもそも健康な肌には、本来、次のような紫外線に対する防御機能が備わっています。

①紫外線を吸収するタンパク質やアミノ酸を含む角質層の形成
②角質層を中心に存在するウロカニン酸（紫外線吸収剤）の生成
③活性酸素除去酵素であるＳＯＤ酵素やカタラーゼの生成
④メラノサイトによるメラニンの生成

肌が本来もっているこれらの機能が働き、紫外線を防御するのです。しかし、この防御機能を硫酸系洗浄剤で破壊していては、まったく意味がありません。

シミ・シワ対策としては、

①お酢系洗浄剤で洗うことによって、本来もっている肌の紫外線防御機能を壊さないこと
②たっぷり保湿して肌の水分を補給し、肌バリアを強固に保つこと

③紫外線散乱剤で肌を保護し、紫外線を安全にブロックすることで肌への侵入を阻止すること

などが重要です。

ニキビの予防と対策は、やさしい洗顔とたっぷり保湿

どんなに健康な肌でも、ニキビができる要因を必ず有しています。

ニキビの原因となるのは「アクネ菌」という皮膚常在菌です。これはすべての人の皮膚に住み着いており、何も特別な細菌というわけではありません。ですから、だれでもちょっとしたきっかけでニキビができる可能性が潜んでいるというわけです。

このアクネ菌は、皮脂を好んで空気を嫌う特徴をもっています。毛穴が塞がれてそこに皮脂が詰まると、皮脂をエサとするアクネ菌が繁殖して炎症を起こします。つまりニキビは、皮脂の蓄積、菌の繁殖による毛穴の詰まりから発生し、皮脂成分の変質、

炎症へと発展していきます。そのため、最初のステップである皮脂の蓄積を防ぐことが、ニキビの予防・ケアでは最も重要となります。

ニキビが発生する原因は、

①クレンジング・洗顔不足
②精神的ストレス
③睡眠不足
④環境（高温・多湿など）
⑤偏食・過食（脂肪分・糖分の摂りすぎ）
⑥便秘

などがありますが、**いちばんの原因は①のクレンジング・洗顔不足による皮脂の蓄積や菌の繁殖による毛穴の詰まりです。**そこから皮脂成分が変質し、炎症へと発展するるのです。したがって、最初のステップである皮脂の蓄積を防ぐことが、ニキビの予防・ケアでは最も重要となります。

皮脂の蓄積を防ぐために必要なことは「殺菌」ではなく適切な「洗浄」です。なお、適切な洗浄には必要な皮脂を〝除去しすぎない〟ということも含まれます。皮脂を除去しすぎると、必要なうるおいまで洗い流し肌を乾燥させてしまいます。すると、肌は皮脂をより過剰に分泌しようとして、過剰な皮脂がまた毛穴に詰まる……という悪循環を招くからです。

ニキビはどのように進行していくかについて説明しましょう。ニキビの進行状況は、色で表すことができます。

クレンジングや洗顔不足などで毛穴が塞がれると、そこに皮脂が詰まって、アクネ菌が繁殖し始めます。これが初期段階で、毛穴が閉じた状態で、固まった皮脂が白っぽく見えるため「白ニキビ」といわれます。

この初期段階から、毛穴が開いて皮脂が空気にさらされて酸化すると黒くなります。これが「黒ニキビ」です。

さらに進行して炎症を起こすと「赤ニキビ」になります。この状態になると、治っ

ニキビができるまで

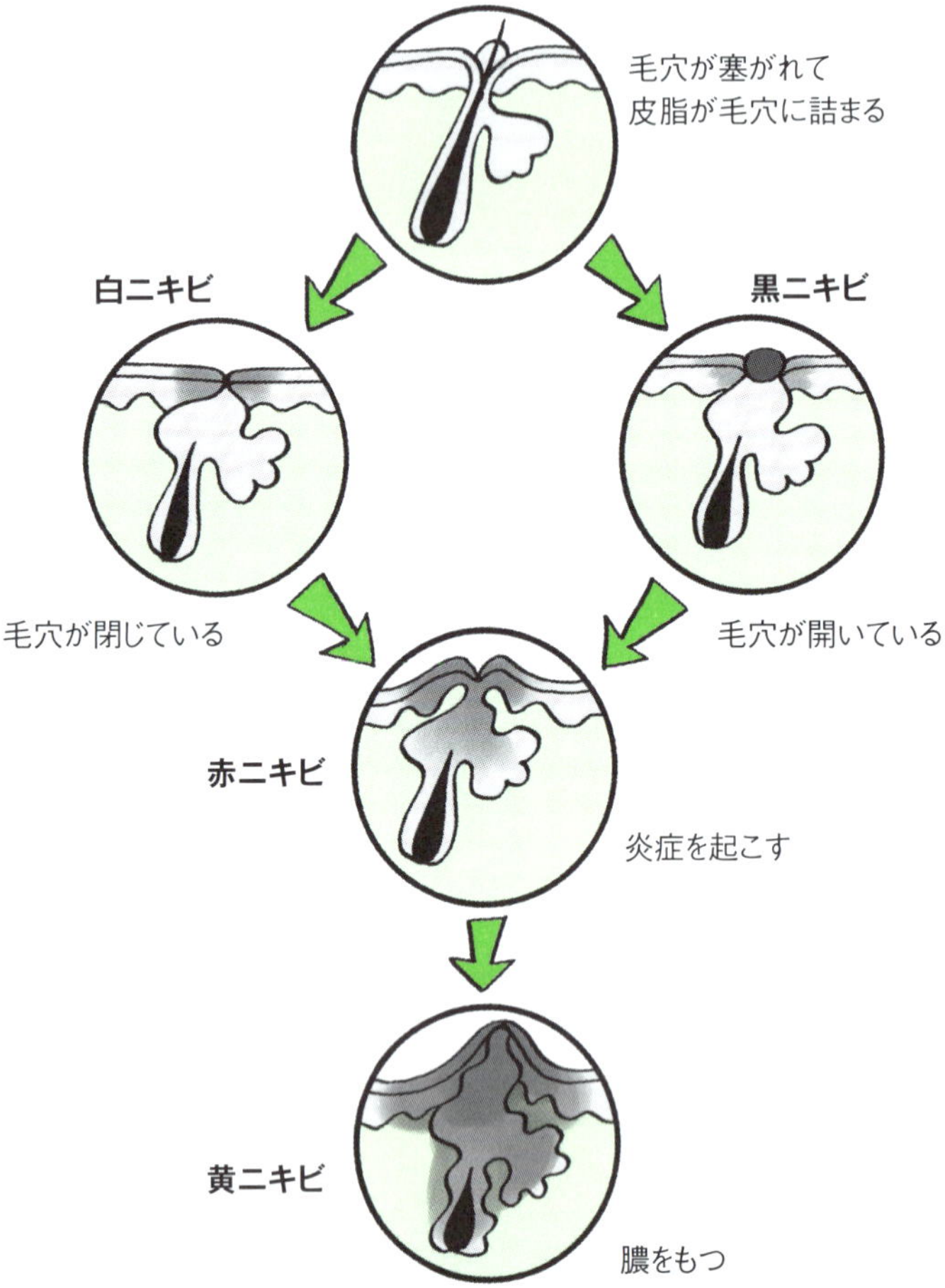
毛穴が塞がれて
皮脂が毛穴に詰まる
白ニキビ
黒ニキビ
毛穴が閉じている
毛穴が開いている
赤ニキビ
炎症を起こす
黄ニキビ
膿をもつ

ても二キビ跡が残ったり、色素沈着してシミになったりする確率が高まります。

赤ニキビの炎症を放置すると、化膿して膿がたまった状態になります。これは「黄ニキビ」ともいわれます。この段階まで来ると皮膚の組織は大きく損傷され、ほぼ確実にニキビ跡が残ることになります。

ニキビを防ぐためには、次の２つのステップが重要です。

①液晶クレンジングでメイクをやさしく落とし、ラウレス-３酢酸アミノ酸のシャンプー、または石けんで洗うことによって、毛穴を詰まらせない、老化角質を取り除く、皮脂を取りすぎないこと

②たっぷり保湿することによって、乾燥が原因で起こる余分な皮脂の分泌を防ぐこと

ニキビ対策には、毛穴を詰まらせないことと適切な皮脂の除去が欠かせません。そのために、ステップ①の正しい洗浄が最も重要なこととなります。

正しい洗顔をしたとしても、刺激のある硫酸系やグルタミン酸などのアミノ酸シャンプーを使用しては意味がありません。角質層が破壊され、シミ・シワを引き起こすインターロイキン-1α（IL-1α）、アレルギーを引き起こすインターロイキン-4（IL-4）などを生成してしまいます。

ラウレス-3酢酸アミノ酸のシャンプーと、カチオン界面活性剤を中和し刺激を取り除いたトリートメントを使い、刺激のない液晶クレンジングで肌をこすらないようにメイクを落とすことが重要なのです。そして酢酸系、石けん系フォームの泡で洗い、皮脂を取りすぎないようにしながら老化角質を取り除き、毛穴を詰まらせないように気をつけることです。

このステップ①の正しい洗顔を実行したうえで、洗顔後の乾燥によって起こる余分な皮脂の分泌を防ぐために、ステップ②のたっぷり保湿することがとても重要となってくるのです。

第3章

危険な界面活性剤を知ろう

そもそも界面活性剤とは

本書の冒頭から述べているとおり、角質層のバリア機能を破壊して、さまざまな肌トラブルやアレルギーを引き起こしているのは、刺激の強い洗浄剤です。ここでは、界面活性剤について詳しく説明しましょう。

空気と個体の接触面は「表面」、空気と液体の接触面は「水面」といいます。では、「界面」はというと、たとえば水と油のような混じり合わない液体と液体にも接触面が生じます。これが「界面」です。

界面活性剤は、水と油のような相反する性質をもつ液体の界面が、互いに反発して分離するのを防ぎ、両者をつなぎとめる（活性化させる）役割を果たす物質です。

界面活性剤の使用目的・役割は、潤滑剤、洗浄剤、起泡剤、乳化・分散剤、帯電防止、殺菌など多岐におよび、とても複雑です。

その活躍分野は幅広く、家庭用の利用としては衣料用洗剤、柔軟剤、台所洗剤、シャンプーやヘアリンス剤、化粧品、クルマのワックス剤など、多岐にわたります。食品でもマーガリン、マヨネーズ、ドレッシング、チョコレートの乳化剤などに使われています。

工業的利用では、金属の摩耗を低減する潤滑剤、あるいは繊維の染色助剤、撥水加工剤などにも使われます。農業関係では乳化剤、肥料固結防止剤などに使われています。そのほか泡消火剤、アスファルト、セメント分散剤、インクや塗料、医療用の造影剤など、実にさまざまな分野で活躍しています。

そのような意味では、界面活性剤は現代社会になくてはならないもののひとつであることに間違いはありません。

用途に応じて、界面活性剤は選択され使用されますが、そのなかで、**使用目的がある人体の場合、皮膚障害、シミ、フケ、脱毛、内臓疾患などの原因になる可能性がある**ため〝界面活性剤の選択〟が非常に大切になってくるのです。

界面活性剤の構造と働き

界面活性剤が、水と油のように相反する性質の物質をつなぎとめるのは、その分子に秘密があります。界面活性剤の分子は、世界共通記号としてマッチ棒のような記号で表します。このマッチ棒の頭の丸い部分を親水基といい、棒の部分を親油基といいます。

親水基は水に溶けやすい性質をもっています。一方、親油基は油になじみやすい（溶けやすい）性質をもっています。つまり、界面活性剤は水にも油にも溶けやすい性質をもっているため、両者をつなぎとめ、混ぜ合わせることができるのです。

たとえば洗濯物。ホコリや汗などは水に溶けやすいため、水の中でもんだりこすったりすれば落とすことができます。しかし、油汚れは水だけではなかなか落ちません。そこで、洗浄力を高めるために使われるのが洗剤（石けんや合成洗剤）です。

油汚れが水で落ちないのは、油は油でまとまろうとし、水は水でまとまろうとするからです。そこに洗剤が作用すれば、本来は混じり合わない水と油が混じり合い、衣類から汚れを引き離すことができます。洗濯機のかく拌や手もみは、この働きをいっそう効果的にしているわけです。

この洗剤の主成分が、界面活性剤。このうち脂肪酸ナトリウムと脂肪酸カリウムは石けんといい、それ以外は合成洗剤といいます。

界面活性剤は、水に溶かしたときの性質によって4つに分類されます。

①陰イオン系（アニオン系）

水に溶かすと解離し、界面活性作用をもつ部分がマイナスイオン（－）を示すもの。石けん、そして合成洗剤の主流である直鎖アルキルベンゼンスルホン酸ナトリウム（LAS）がこの系統に含まれます。

洗浄・起泡力に優れており、石けんやシャンプー剤などに使用されます。**危険な洗浄剤になると、「脱脂」や「タンパク変性」のおそれがあります。**

②陽イオン系（カチオン系）

水に溶かすと解離し、界面活性作用をもつ部分がプラスイオン（＋）を示すもの。吸着・殺菌・帯電防止に優れており、殺菌剤、柔軟仕上げ剤、帯電防止剤、リンス、トリートメント剤などに使用されます。強い殺菌力が、肌あれの原因になる場合があります。

現在、**ヨーロッパでは、このカチオン界面活性剤の使用が制限されています。**

③両性イオン系

溶液がアルカリ性のときは陰イオン系、溶液が酸性のときは陽イオン系界面活性作用を示すもの。洗浄、殺菌、柔軟、帯電防止などの働きがあります。

アニオン（－）、カチオン（＋）両方の性質をもち、洗浄・起泡力があり、シャンプー剤などでアニオン界面活性剤と併用されます。**カチオンの刺激を緩和することができる**ものとして最適です。

④非イオン系（ノニオン系）

水に溶かしてもイオンに解離しない界面活性剤。洗浄剤のほか、乳化剤として食品、薬、農薬、化粧品のクリームなどに使われます。

界面活性剤の構造

界面活性剤は独特な分子構造で、油となじみやすい（溶けやすい）性質がある「親油基」と水に溶けやすい性質がある「親水基」で構成されている。

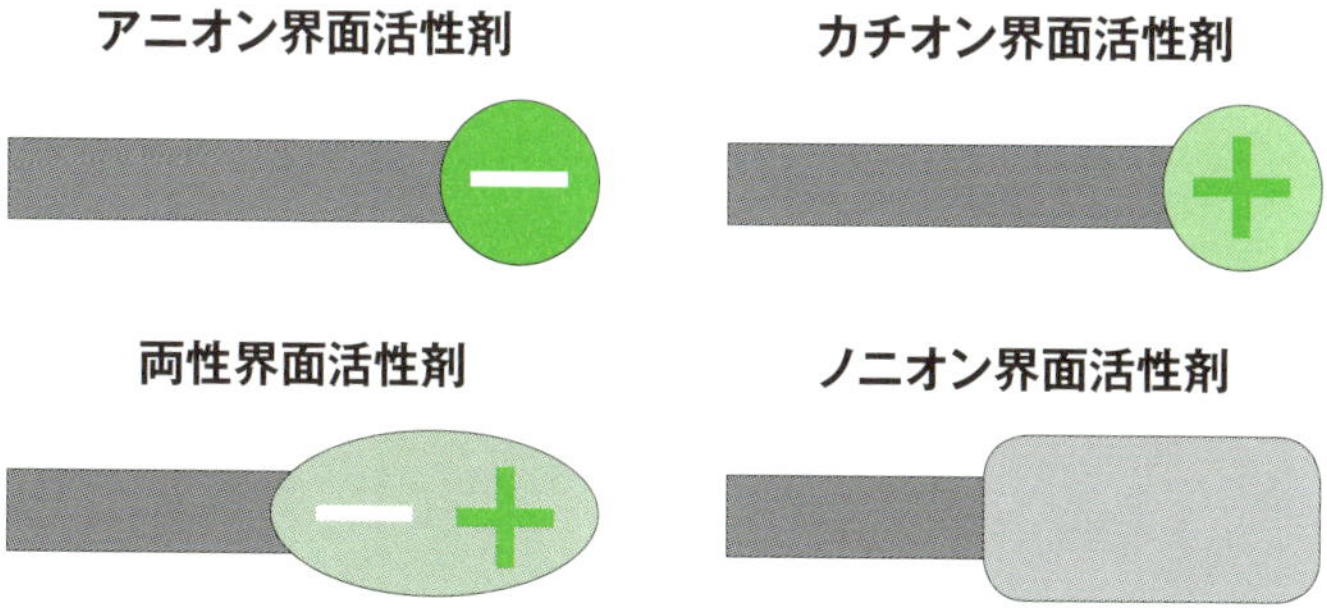

水に溶けたときの親水基の性質から4種類に分けられる。

アニオン界面活性剤の分子構造
石けん（RCOONa）

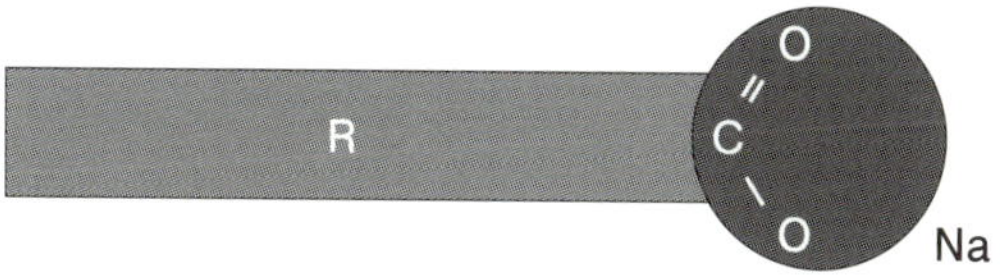

界面活性剤の役割

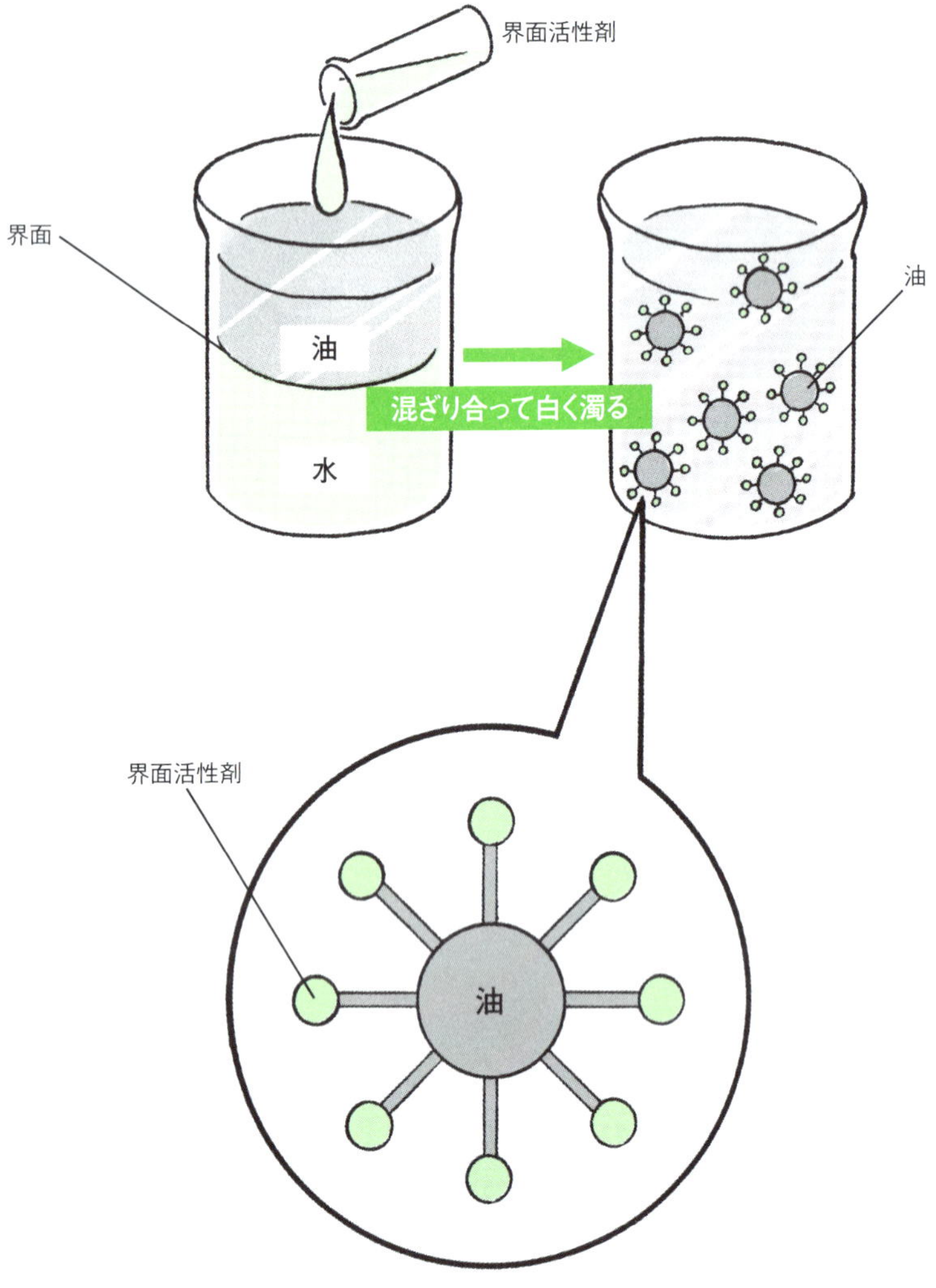
界面活性剤
界面
油
水
混ざり合って白く濁る
油
界面活性剤
油

乳化・浸透性に優れているため、クレンジングやファンデーションなどに使用されます。界面活性剤の選択を誤ると、肌あれを起こす原因になる場合があります。

硫酸系界面活性剤のラウリルとラウレスの違いとは？

シャンプーの成分表示を見ると、現在市販されている大半のシャンプーで「ラウレス硫酸ナトリウム」という成分が含まれていることが確認できると思います。なかには「ラウリル硫酸ナトリウム」という成分が配合されているものもあるでしょう。ラウリルとラウレス。非常によく似た名前ですが、それぞれの構造の違いから書き分けがされています。

ここで界面活性剤のマッチ棒のような分子モデルで説明しましょう。

ラウリルは、棒状の親油基に丸い親水基が直接的に結合しています。これに対し、ラウレスは棒状の親油基と丸い親水基との間に「別の親水基（ポリエチレングリコール）」（CH_2CH_2O）がついた化合物です。

　このわずかな構造の違いによって、ラウレスはラウリルよりも刺激性が低くなります。この特徴から、「ラウリル硫酸ナトリウムは危険だが、ラウレス硫酸ナトリウムは安全」と、多くの化粧品メーカーが宣伝しています。

　しかし、**洗浄剤の刺激性は「親水基が何であるか」が重要**だと私は考えています。ラウレスはラウリルに比べて刺激が緩和されているとはいえ、**親水基が硫酸であれば肌刺激は絶対に避けられない**のです。

　刺激緩和のためには、親水基を変えなければなりません。それには親水基を「お酢系（酢酸基）に変えることが最も効果があります。

　お酢系洗浄剤は、石けんの構造をベースに考えると、棒状の親油基と丸い親水基との間に「別の親水基（ポリエチレングリコール）」がついた化合物。これは、ラウリルからラウレスに変わった成分ということができます。

　ラウレスはラウリルより刺激性が低いことは確か。つまり、お酢系洗浄剤は、石けん以上に刺激性が低いことが、その構造上からも示されていることになります。

ラウリルとラウレスの違いによる洗浄剤の構造の違い

ラウリル

硫酸系洗浄剤

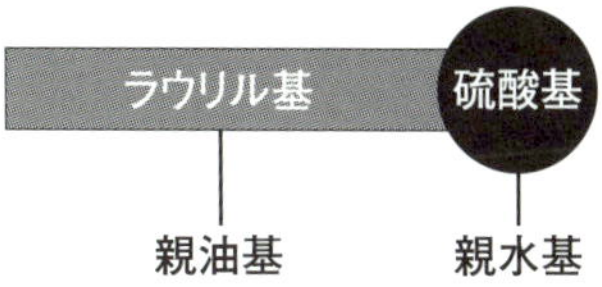

成分名:ラウリル硫酸塩

石けん

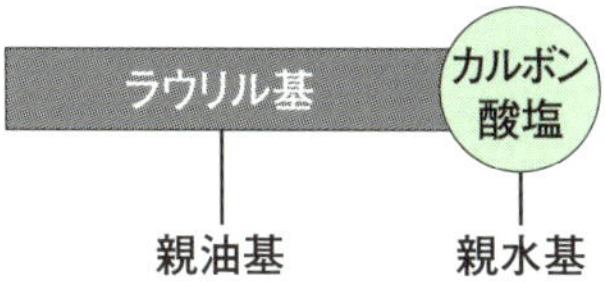

成分名:ラウリン酸塩（石けん）

ラウレス

硫酸系洗浄剤

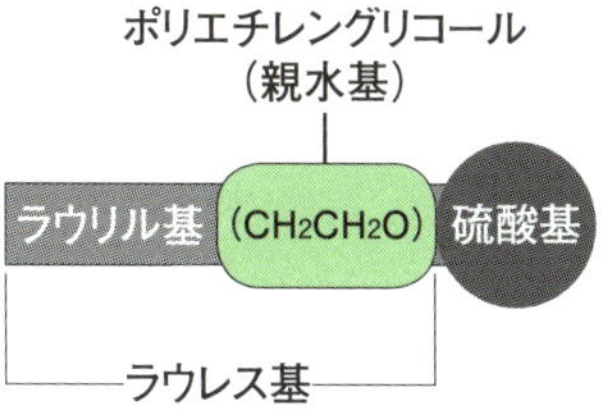

成分名:ラウレス硫酸塩

お酢系洗浄剤

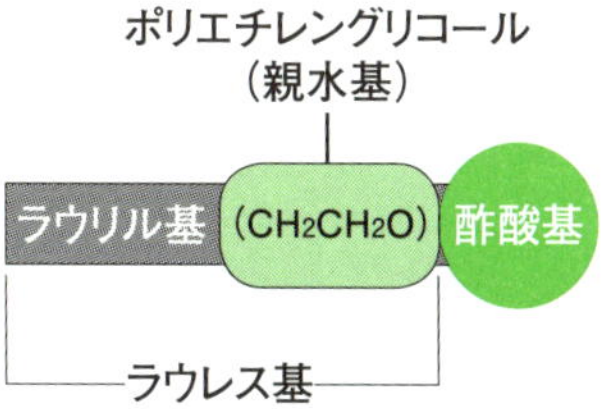

成分名:ラウレス酢酸系
（お酢系洗浄剤）

ラウレスはラウリルの刺激を緩和させるために、親油基と親水基の間に別の親水基（ポリエチレングリコール）を挟んだ化合物。

一般名	化粧品表示名称	略称
石けん	脂肪酸ナトリウム	
カリ石けん	脂肪酸カリウム	
ラウリルエーテルカルボン酸ナトリウム	ラウレス-3酢酸ナトリウム	
ラウリルエーテルカルボン酸リシン	ラウレス-3酢酸アミノ酸（リシン·ヒスチジン·アルギニン）	
ラウリル硫酸ナトリウム	ラウリル硫酸ナトリウム	SLS
直鎖アルキルベンゼンスルホン酸ナトリウム	ドデシルベンゼンスルホン酸ナトリウム	LAS
α-オレフィンスルホン酸ナトリウム	オレフィン（C12-16）スルホン酸ナトリウム	AOS
ラウレス-3硫酸ナトリウム	ラウレス-3硫酸ナトリウム	AES
ラウリルリン酸ナトリウム	ラウリルリン酸ナトリウム	MAP
N-アシルグルタミン酸ナトリウム（トリエタノールアミン）	ラウロイルグルタミン酸ナトリウム（トリエタノールアミン）	
N-アシルメチルアラニンナトリウム	ラウロイルメチルアラニンナトリウム	
N-アシルグリシンナトリウム	ココイルグリシンナトリウム	
ラウロイルサルコシン2ナトリウム	ラウロイルサルコシンナトリウム	
ヤシ油脂肪酸メチルタウリンナトリウム	アシルメチルタウリンナトリウム	AMT

一般名	化粧品表示名称	略称
ポリオキシエチレンアルキルエーテル	ラウレス7〜14	AE
ラウリン酸アルカノールアミド	コカミドDEA	

アニオン（陰イオン）界面活性剤

種類		化学式	
カルボン酸系		$RCOONa$	
		$RCOOK$	
	お酢系	$RO(CH_2CH_2O)_3CH_2COONa$	
		$C_{12}H_{25}O(CH_2CH_2O)_3CH_2COO$— $NH_3CHCH_2CH_2CH_2CH_2NH_2$ $COOH$	
硫酸・スルホン酸系		$ROSO_3Na$	
		RSO_3Na	
硫酸エステル系		$RO(CH_2CH_2O)nSO_3Na$	
リン酸エステル系		$ROPO_3Na$	
アミノ酸系	グルタミン酸系	CH_2CH_2COOH | $RCONHCHCOONa$(TEA)	
	アラニン系	$RCON(CH_3)CH_2CH_2COONa$	
	グリシン系	$RNHCH_2COONa$	
	サルコシン系	$RCON(CH_3)CH_2CH_2COONa$	
アシルタウリン系		$RCON(CH_3)CH_2CH_2SO_3Na$	

ノニオン（非イオン）界面活性剤

種類	化学式	
ポリオキシエチレングリコール系	$RO(CH_2CH_2O)nH$	
脂肪酸系	$RCON(C_2H_4OH)_2$	

	一般名	化粧品表示名称	略称
	ラウリン酸アミド酢酸ベタイン	ラウリルジメチルベタイン	
	ラウリン酸 アミドプロピルベタイン	ラウラミドプロピルベタイン	
	ラウリルアミド イミダゾリウムベタイン	ラウリルアミド イミダゾリニウムベタイン	

	一般名	化粧品表示名称	略称
	ステアリン酸 ジメチルアミノプロピルアミド	ステアラミド プロピルジメチルアミン	
	塩化ステアリルトリメチル アンモニウム 塩化ベヘニルトリメチル アンモニウム	ステアルトリモニウムクロリド ベヘントリモニウムクロリド	
	塩化ジステアリルジメチル アンモニウム	ジステアリルジモニウムクロリド	
	塩化ベンザルコニウム	ベンザルコニウムクロリド	

両性界面活性剤

種類	化学式	
アミノ酢酸ベタイン系	$RN^+(CH_3)_2CH_2COO^-$	
アミドプロピルベタイン系	$RCONHCH_2CH_2CH_2N^+(CH_3)_2CH_2COO^-$	
イミダゾリン系	$RC=NCH_2CH_2N^+(CH_2CH_2OH)CH_2COO^-$	

カチオン（陽イオン）界面活性剤

種類	化学式	
アミン系	$R_1CONH(CH_2)nN(R_2)_2$	
4級アンモニウム系	$\begin{bmatrix} CH_3 \\ \| \\ R-N-CH_3 \\ \| \\ CH_3 \end{bmatrix}^+ Cl^-$	
	$\begin{bmatrix} R \\ \| \\ R-N-CH_3 \\ \| \\ CH_3 \end{bmatrix}^+ Cl^-$	
環式4級アンモニウム系	$\begin{bmatrix} CH_3 \\ \| \\ R-N-CH_2C_6H_5 \\ \| \\ CH_3 \end{bmatrix}^+ Cl^-$	

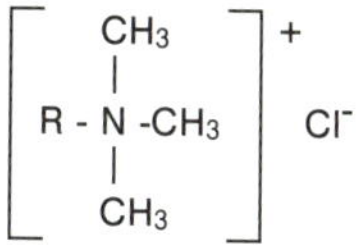

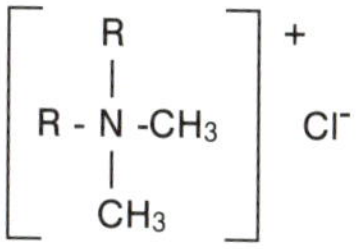

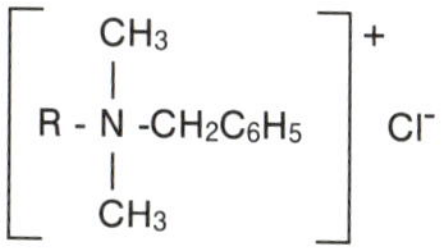

石けんの歴史

界面活性剤はどのように生まれ、どのように進化してきたのでしょうか。ここでは、簡単にその歴史に触れてみます。

界面活性剤は、まず石けんの登場とともにその歴史を刻み始めます。

この世に石けんが登場したのは紀元前3000年代のこと。メソポタミア文明の起源とも呼ばれるシュメール民族の文明の記録といわれているのが「シュメールの粘土板」。この復元されたシュメールの粘土板に、薬用として石けんが使われたこと、そしてその製法についても記載されていました。

紀元前2000年代には、衣服を洗い、身を清めるために灰汁とソーダが用いられたと、旧約聖書にも記されています。

紀元前1000年代、ローマ時代初期には、汚れをよく落とす不思議な土として、サプルの丘の土が人々に大切に扱われていました。この丘では羊を焼いて神に供える風習があり、したたり落ちた羊の脂と木の灰（アルカリ成分）が蓄積され、自然と石けんらしきものができたとされています。このときのサプルが「Ｓｏａｐ」の語源になったといわれています。

古代ローマ時代には、ポンペイに洗濯場があったことが認められます。ポンペイの廃墟から、洗濯場の洗濯様式を示す壁画が発見されたのです。

紀元後１００年代、つまり2世紀初頭にはブナの木を燃やした灰の汁と山羊の脂肪とで石けんを製造する技術が確立されていたようです。そして9世紀に入ると、ヨーロッパにシャボン製造の職人が現れたことがわかっています。

時代は進み、14～16世紀には地中海沿岸の油脂資源オリーブ油と、原料ソーダ源としての海藻を中心にした石けん製造技術が確立。その技術が、地中海を西方に移動していることもわかっています。

日本には、16世紀にポルトガルから、17世紀には明（中国）から石けんが入ってきています。ポルトガルでは石けんのことをシャボンというため、日本でも第二次大戦前まではこう呼ばれてきました。石けんが登場する前の日本では、灰汁、ムクロジ、サイカチ、クチナシ、エゴノキなどの植物や米のとぎ汁などが洗浄剤として使われていました。これらに含まれていた成分はサポニンといい、植物に分布している配糖体の一種で、石けんのように泡立つ特徴をもっていました。

18世紀に入ると、イタリアのベネチアやサボーナ（シャボンの語源とされる）、スペインのカスチール、フランスのマルセイユといった港町から、良質の石けんが世界各国に出荷されるようになります。

19世紀には、当時流行ったペストや天

然痘を予防するために人々を清潔にする必要があり、大量に、安く石けんを製造することが求められるようになりました。それを受けて、ヨーロッパで石けん製造が本格的に工業化されたのです。

その後、日本では１８９０（明治23）年に、国内初の石けんが発売されました。

合成界面活性剤の誕生と普及

20世紀に入ると、石油や化学薬品を原料とする、いわゆる合成界面活性剤の歴史が始まります。

１９１４（大正３）年、第一次世界大戦時、資源の乏しいドイツが食料制裁を受けて食料不足に陥ります。そこで、石けん製造用の動物性油脂の使用を禁止したと記録があります。そのため、油脂に頼らない洗浄剤を開発する必要に迫られたのです。

１９１６（大正５）年、ドイツで石炭ガスの副成分であるコールタールから、ブチルナフタレンのスルホン酸塩が合成されました。しかし、洗浄力が劣っていたため、長く使われることはありませんでした。

1928（昭和3）年、ドイツのベーメ社が天然油脂から硫酸系界面活性剤を合成。その技術を基に1946（昭和21）年、石油を原料とした硫酸系界面活性剤（アルキルベンゼン）が発明されました。

1949（昭和24）年、電気洗濯機が出現します。それを受けて**1953（昭和28）年、日本では、「花王ワンダフル」という名の硫酸系アルキルベンゼン合成洗剤が発売されました。**主婦の労働力が大幅に軽減されることとなり、「三食昼寝付き」といった言葉が生まれたのもこの頃です。同時に、硫酸系台所用液体洗剤、硫酸系シャンプー・リンスも発売されました。

この電気洗濯機の普及に伴い、合成洗剤が急速に普及し、1963（昭和38）年には、石けんの生産量を上回りました。

1961（昭和36）年、硫酸系合成洗剤を生産する化学会社で事件が起こります。

従業員1名が硫酸系合成洗剤による中毒死の疑いがもたれ、従業員13名が皮膚炎を発症。また、硫酸系台所洗剤を使用して内臓障害を起こしたと訴えた人も現れました。

これに対して化学会社は、同年11月に粉石けんを発売しました。「今お使いになっている石油化学による洗剤（アルキルベンゼン）は、人体に危ない点がある」というキャッチコピーを発し、これが人体の安全性にかかわる洗剤有害説の始まりとなりました。

これ以降、界面活性剤の問題点の提示と、それに対する反論や改良が繰り返されていきます。

合成界面活性剤の問題と改良

年が改まり、**1962（昭和37）年1月**、東京都立衛生研究所の柳沢文正氏が、「石油系合成洗剤（アルキルベンゼン）は無害ではない」と新聞に発表。これに対して同日夕刻、厚生省は即座に「中性洗剤は通常の使用では心配ない。しかし、水洗いは十分に」と発表します。同年4月には、厚生省の怠慢との声が広がり、国会でも「合成洗剤の科学的調査に関する決議」が可決されました。

さらに9月、ラベルに「人体に無害」と表示のあった台所洗剤を、粉ミルクと間違えた男性が一口飲んで急死するという事件が起こりました。いわゆる〝庵島事件〟です。この裁判では、「中性洗剤で人が死ぬようなことはありえない」との鑑定による判決となりました。しかしこの事件の反響は大きく、マスコミの注目も集めた結果、各地の研究機関が洗剤の有害性の研究を手がけるきっかけとなりました。

同年11月には、食品衛生調査会が「中性洗剤は普通の状態で使用している限り害はない」と発表。

1965（昭和40）年、衆議院社会労働委員会で硫酸系合成洗剤（アルキルベンゼン）の毒性と公害問題が大々的に追及され、国務大臣がその有毒性、公害を認めます。同年5月、厚生省は硫酸系合成洗剤の使用濃度によっては、人体に障害を起こすので注意を徹底するよう各都道府県・各指定都市・各政令市衛生主管部（局）長宛に通達しました。

1967（昭和42）年、主婦が自殺を目的に液体台所用洗剤の原液160ミリリットルを飲むという事件が起こりました。しかし、病院に運ばれた女性からは異常や後遺症が認められることはありませんでした。

この事件は、後に硫酸系合成洗剤（アルキルベンゼン）の誤飲による死亡事故の反論根拠とされるようになりました。

1968（昭和43）年には、硫酸系合成洗剤（アルキルベンゼン）の毒性に対する疑問が高まり、通産省の合成洗剤部会の行政指導で、アルキルベンゼンが改良、ソフト化（直鎖アルキルベンゼンスルホン酸ナトリウム＝LAS）されるようになっていきます。

1973（昭和48）年、三重大学の三上美樹教授がマウスを使った実験で硫酸系合成洗剤（アルキルベンゼン）の有害性を発表しました。**妊娠中のマウスの皮膚に硫酸系合成洗剤（アルキルベンゼン）を塗ったところ、すべてのマウスの子どもに全身出**

血、奇形が認められたという内容でした。

しかし、これについて厚生省は否定します。「実験は原液で行った場合で、通常の使用濃度に希釈した場合は無害である」と発表。これに対し三上教授は、「極めて低い濃度でも骨格奇形、皮下組織における出血異常が認められる」と反論しました。

1975（昭和50）年には、**有吉佐和子さんの小説『複合汚染』がベストセラー**となり、その中で柳沢氏の主張を含めた硫酸系合成洗剤（アルキルベンゼン）の有害性も説明され、多くの一般消費者も関心をもつきっかけとなっていきました。

合成界面活性剤の改良への疑問と国の回答

これ以降も、硫酸系合成洗剤（アルキルベンゼン）に関する論争は続きます。

1976（昭和51）年、厚生省依頼の合同研究班が、直鎖アルキルベンゼンスルホン酸ナトリウム（ＬＡＳ）による奇形児の誘発性を否定する旨の研究結果を発表。

同日、厚生省は「厚生省としても合同研究という異例の措置を講じたが、この研究により明確な結論が得られたので、この問題についての疑念が払拭されるものと思う」と発表。

1977（昭和52）年、大阪府公害健康調査専門委員会議が、ＬＡＳ配合の台所用洗剤について、催奇形性、染色体異常、突然変異誘発性は認められなかったと発表。

同年、三重大学の三上教授が**「硫酸系合成洗剤は精子に影響を与える」**と発表。

1979（昭和54）年、当時の大平正芳首相が国会で「通常の使用方法での硫酸系合成洗剤の安全性等は、内外の研究結果により確認されている」との答弁書を提出。

以上のように、研究者は有害、政府（国）は無害との見解が繰り返されました。

80年代に入ると、その様相は少し変化していきます。

1980（昭和55）年、ライオンと花王が、無リン洗剤の発売を発表しました。

これは、洗剤に洗浄助剤として配合されていた「リン」が川や湖に流れ込んだ結果、藻や微生物が大量に発生し、湖水の無酸素化が進んで水中生物を死滅させるという問題が起こったことによるものです。これ以降、日本ではほとんどの洗剤が「無リン」になりました。

しかし、全国合成洗剤追放全国連絡会議は、無リン洗剤も有害であると発表しています。

1983（昭和58）年、それまでの洗剤の毒性についての研究のほとんどをまとめた『洗剤の毒性とその評価』（厚生省環境衛生局編）が発行されました。

そしてこの頃から、これまで**頻繁にマスコミに発表されていた合成洗剤の人体への有毒性に関する情報が減少し、根拠の薄弱な合成洗剤有毒説は発信しにくい環境が形成されていきます。**以後、合成洗剤の有毒性は、人体に対してよりも環境問題関連が中心へと、その方向性がシフトしていくこととなりました。

そして現在。人体への安全性について、問題はいまだにはっきりしておらず、相変わらず賛否が分かれています。

このように、合成洗剤は絶えず新たな問題を生み出してきました。しかし、製品がどんどん多様化するなか、問題は未解決のまま。むしろ、問題は複雑化し一般消費者には見えにくくなっているといってもいいでしょう。

ひとつだけ確かなことは、硫酸系界面活性剤の多くは中国で生産され、品質が悪く水銀やヒ素が多量に含まれているものも輸入しているということです。

これまでに述べた経緯で、一方的に悪者にされたリンですが、アルキルベンゼンの問題をリンにすり替えただけといえるでしょう。リンは植物の生育に欠かせない肥料として大量に使用されているのですから、「洗剤だけリンの使用は認めない」というのもおかしな話です。リンは洗浄助剤として洗剤に入れられていて、一度離れた汚れが衣類に付着しないようにする再汚染防止の役目をしています。この働きによって、界面活性剤を減らすことができるのです。

リンが河川に流れ込み環境汚染の標的になったのは昭和50年頃。まだ下水道の普及率は30％程度でした。いまは約80％と格段に上がっていますから、リンの河川への流出を心配する必要はないのです。環境へのやさしさを優先するのであれば、リン洗剤は復活するでしょう。もうひとつ、リンが復活するであろう理由は、第5章でも詳しくお伝えします。

参考文献／大矢勝「洗剤論争に関する歴史的考察」

界面活性剤から21世紀の産業革命を起こす

界面活性剤の発明は、人類の生活に大きな影響を与えました。しかし、それが人間にとって害のあるものだとしたら、それを使用しないようにするか、あるいはそれに代わる安全な別なものを発明する必要があります。それは産業全体、そしてそれにともなって社会全体を変えていくことにつながります。

人類に第一次産業革命が起こったのは１７６０年代から１８３０年代にかけてです。イギリスを皮切りに、工業機械の導入による産業の変革と、それに伴って社会構造が大きく変化しました。動力源が人力から風力や水力、さらに短期間の間に蒸気が発明され、大きく変わっていった時代です。

第二次産業革命は１８６０年代～１９００年頃と定義され、この時代には化学、電気、石油、および鉄鋼の分野で技術革新が進みました。

そして現代は、第三次産業革命のまっただ中にあるのではないかと考えられます。21世紀の産業革命です。

いちばんの変化は燃料でしょう。これまでガソリンが中心だったものが、いまは電気にとって代わろうとしています。

１９９７（平成９）年に初代が発売されたトヨタ「プリウス」はハイブリッドカーの代名詞的存在ですが、これまでガソリン一辺倒だった自動車燃料を、電気へと変える大きなきっかけとなりました。そのムーブメントには、今後ますます拍車がかかっていくことでしょう。

いまはトヨタ、日産、ホンダ、マツダといった従来の自動車メーカーがその中心的存在ですが、近い将来、パナソニック、日立、東芝といった電機メーカーが自動車メーカーとして名を連ねているのではないでしょうか。さらにグーグルやヤフーといったインターネット企業も、自動運転の自動車メーカーとして大きな影響力を振るっているかもしれません。

では、シャンプーの世界ではどうでしょうか。

これまで硫酸系シャンプーが中心だった世界も、私の訴えによって、お酢系シャンプーが徐々にですが確実に認められてきています。

市販の刺激の強いシャンプーで、肌に

トラブルを抱えている人が大勢いることは事実です。近い将来、シャンプーのすべてがお酢系のものに替わったとしたら、それは社会にとって大きな変化をもたらすものと確信しています。

毎日のシャンプーで肌を傷める人がいなくなること。それは人類にとって大きな変化であり、産業革命です。しかも、お酢系シャンプーは硫酸系シャンプーより早く自然に戻り、地球にやさしいのです。

いま、私たちがシャンプーを地球環境と肌環境を悪化させる硫酸からお酢へと替えなければ歴史は変わりません。いまやらなければ、未来は変わらないのです。

Column

シャンプーに配合される「合成界面活性剤」以外の気になる成分ウソ？　ホント？

ここまで、シャンプーに洗浄剤として配合されている合成界面活性剤について説明してきましたが、シャンプーにはこれ以外にもさまざまな成分が配合されています。

液体が原料臭かったり、洗うと髪がギシギシしたりするシャンプーなど、だれも使いたくありません。そのため、シャンプーの使用感を向上させる工夫は、古くからたくさん試みられてきました。その積み重ねにより、シャンプーに非常に多くの成分が配合されるようになっています。

現在では、シャンプーに含まれている「水」と「洗浄剤」以外のすべての成分は、「感触」を改善する目的に配合されているといっても過言ではありません。

シャンプー後、髪に適度なツヤと柔軟性をもたせるための少量の油分、コンディショニング効果をもつカチオン化セルロース（成分表示ではポリクオタニウム）などはその代表例です。また、乾燥を防ぐために保湿剤としてグリセリンやBG、植物エキスなども配合されています。

さらに、いい香りのする香料も、シャンプーには欠かせない成分となっています。

しかし、これらの成分のためにシャンプーの洗浄機能が失われては意味がありません。過度な油分や保湿剤は、泡立ちを悪くしたり、洗い流す際に洗浄剤を髪に残しやすくしたりする危険性もはらんでいるのです。

ここではシャンプー、そして化粧品などに配合されている、界面活性剤以外の気になる成分について紹介していきます。最近は「〇〇フリー」、あるいは「ノン〇〇」といったうたい文句で製品の安全性を強調しているものが目立ちます。あわせて、〇〇フリーがどのような意味をもつのかについても、考えていきましょう。

●シリコンフリー（ノンシリコン）

シャンプーに配合される成分で、よく聞くのがシリコンです。

シリコン類は、１９８０年代からヘアケア商品に配合されるようになりました。高いコーティング機能をもつ成分なので、毛髪どうしの摩擦を軽減して指通りをよくします。そして、髪のツヤをよくし、しっとりとした仕上がりにする役割を担っています。

しかし、そのコーティング機能のために、シャンプーに配合すると、本来は洗い流すはずの洗浄剤を髪にとどめてしまう原因になります。これではシャンプーの安全面・機能面のどちらにも矛盾をはらんでいます。

シリコンは、手軽にシャンプーの感触を向上させるというメリットから、市販されているシャンプーの多くに配合される傾向となっています。一方で最近は、そのシャンプーとしての矛盾を解消したものとして「ノンシリコン」「シリコンフリー」といった言葉をシャンプーの広告でよく耳にするようになっています。

シリコンは髪に悪影響をおよぼすものなのでしょうか。

勘違いしてはいけないことは「シリコンが直接的に肌や髪の刺激となることはない」ということです。「シリコンを使っていません」などと盛んに宣伝されるために、「シリコン＝悪」というイメージをもたれがちですが、それは違います。

シリコン類は高いコーティング機能をもち、物理的にも安定性が高く、肌への刺激の少ないとても優れた成分です。そのため、トリートメントやセット剤などの髪に使用する製品、クリームやＵＶケア製品など肌に使用する化粧品で使用することはまったく問題ありません。

しかし、シャンプーに配合すると、その高いコーティング力から洗浄剤を髪にとどめてしまうためシャンプーに入れてはいけないのです。

●パラベン（防腐剤）フリー（ノンパラベン）

多くの化粧品やシャンプーは、開封前3年間の品質保持のために防腐剤が配合されています。その代表がパラベンという成分ですが、これを嫌う消費者はとても多くいます。

２００１年に化粧品の全成分表示が義務付けられたのですが、その前は、パラベンが表示指定成分だったことからこのイメージが定着しました。「わざわざ表示される成分なのだから、パラベンは体に刺激があるに違いない」というわけです。そのために「パラベンフリー」と表示する化粧品もあるほどです。

しかし、パラベンフリーをうたいたいばかりに、パラベンより刺激が強いにもかかわらず表示指定成分から外れていたフェノキシエタノールを使用しているケースも目立ちます。

実は、最小限の防腐効果は、その内部構造で維持することができます。なるべく水を使わない、極力酸素と触れさせないなどの工夫をすることで、ある程度の防腐効果を高めることは可能なのです。

私の作るシャンプーは防腐効果をもつ植物エキスを組み合わせ、少量のパラベンしか使用していません。これまでに「腐った」というクレームは一度もありませんし、私の手元で5年間置いたものも、品質に一切の変化はありませんでした。基準値いっぱいに使用すれば刺激の元となるかもしれませんが、ごく少量であれば皮膚刺激の低さもきちんと証明済みです。どんな物質も「量」が大切です。にもかかわらず、パラベンフリーをうたい、パラベンよりも刺激の強いフェノキシエタノールを使用する化粧品メーカーが多いことは残念なことです。刺激によって肌があれることよりも、化粧品が腐らないことを重視しているとしか思えてなりません。

●ラウレスフリー

「ラウレス硫酸ナトリウム」については、103ページで説明しました。アニオン界面活性剤のひとつで、人間の肌への影響が心配される成分です。

ところが、最近「ラウレスフリー」をうたい文句にするシャンプーが散見されます。この場合の「ラウレス」は、ラウレス硫酸ナトリウムを指しているものと思われます。かつてよく使われていた「ラウリル硫酸ナトリウム」が悪者で、ラウレス硫酸ナトリウムは刺激がないと主張するメーカーが多いのですが、最近はラウレス硫酸ナトリウムの刺激性も広く認知されつつあるので、安全を前面に押し出しているのだろうと思います。

しかし、「ラウレスフリー」をうたうシャンプーは本当に安全でしょうか。

大手メーカーが「ラウレスフリー」をうたっても、ラウレス硫酸ナトリウムの代わりにどのような洗浄剤を使っているのかが問題です。

「ラウリル硫酸ナトリウム」が、「ラウレス硫酸ナトリウム」よりも危険性が高いことはすでに説明しました。また、「オレフィンスルホン酸ナトリウム」も、ラウレス硫酸ナトリウムと似たよう構造で、やはりアニオン界面活性剤のひとつです。したがって、その刺激性もあまり変わりません。

ラウレスフリーという言葉に惑わされず、内容成分をしっかり確認する必要があります。

●サルフェートフリー

植物由来のシャンプーには、よく「サルフェートフリー」との言葉を見かけます。これはどのような成分でしょうか。

サルフェートとは「硫酸系化合物」、具体的には「硫酸塩」を指します。この硫酸塩は、マグネシウムなどのミネラルと硫酸基が結び付いた物質で、ミネラルウォーターや野菜、そして私たちの体にも含まれています。ですから、少量であれば体に害をおよぼす成分ではありません。むしろお通じをよくするなど、デトックス効果があるとされている成分です。

ところが、サルフェート、すなわち硫酸系化合物には、硫酸系界面活性剤もその一種に数えられます。ですから「サルフェートフリーのシャンプー」といった場合には、硫酸系界面活性剤を使用していないシャンプーを指します。すなわち、前項でも説明した、肌刺激が強い「ラウリル硫酸ナトリウム」や「ラウレス硫酸ナトリウム」を使用していないシャンプーということになります。

これらを使用していないシャンプーということになれば、代わりにどのような洗浄剤を使っているのでしょうか。多くは「オレフィンスルホン酸ナトリウム」などを使っています。この成分はサルフェートではないものの、肌への刺激性は硫酸系洗浄剤などとあまり変わりがありません。

植物由来でサルフェートフリーのシャンプーといえば、いかにも肌や髪にやさしいイメージですが、必ずしもそうではないものが多いのです。

第4章

安全で安心な界面活性剤の開発

シャンプーの安全な界面活性剤探しが始まった

「危険な界面活性剤」などというと、界面活性剤がすべて悪者と誤解されてしまっては困ります。安全な界面活性剤はいくらでもあります。食品に含まれているレシチンやサポニンをはじめ、シュガーエステルなども刺激のない界面活性剤です。

私が問題にしているのは、親水基が硫酸で作られた合成界面活性剤です。よく、「5000年の歴史をもつ石けんだけが安全だ」などと書いてあるものを見かけますが、石けんも脂肪酸系と呼ばれるアニオン（陰イオン）界面活性剤です。石けんは確かにやさしい界面活性剤ですが、そのやさしさは十分とはいえません。タンパク変性も起こすし、24時間つけっぱなしにすれば皮膚刺激にもなります。さらに、石けんカスを生成するため洗濯機の使用もできないし、その石けんカスは分解されずに河川や海に流されます。

私の目標は、石けんよりも人体や地球にやさしい界面活性剤の開発でした。

それでは、私がどのようにして安全な界面活性剤を開発するに至ったかを、シャンプーを例に年代を追って説明しましょう。

１９７０年代のシャンプーの主剤は、アニオン界面活性剤であるラウリル硫酸ナトリウムやオレフィン（Ｃ12-14）スルホン酸ナトリウムを発泡剤として使用し、ノニオン（非イオン）界面活性剤であるコカミドＤＥＡ（ラウリン酸アルカノールアミド）やラウレス７～14（ポリオキシエチレンアルキルエーテル）を泡のコシを出すために使用していました。

この処方は、当時の台所用洗剤と同じ配合です。家庭では主婦に手あれが起こり、美容室ではスタッフが手あれに悩んでいました。人体に対して大きな刺激を有する物質ばかりなのです。

これと同時に、シャンプーの利用者からは頭皮があれたり、フケ・かゆみがひどくなったりするなどの苦情が多くなっていました。

その問題を改良するため、アニオン界面活性剤のアニオン部分（マイナスイオン）を中和することで刺激を緩和しようと、両性界面活性剤が発明されました。

しかし、両性界面活性剤のラウリン酸アミド酢酸ベタイン（酢酸ベタイン系）、ラウリルアミドイミダゾリウムベタイン（イミダゾリン系）には、刺激緩和の効果はありません。さらに、色素を退色させる欠点があり、大きく実用化されることはありませんでした。

また、洗剤は手あれ防止成分としてアミンオキシドを配合されて売り出されましたが、効果は期待できませんでした。唯一、ラウラミドプロピルベタイン（アミドプロピルベタイン系）に少し効果が認められましたが、硫酸系、スルホン酸系のアニオン界面活性剤は刺激が強すぎて、刺激緩和の効果はわかりませんでした。

カチオン（陽イオン）界面活性剤にラウラミドプロピルベタインを添加すると、カチオン界面活性剤の刺激も緩和されました。しかし、研究者の間ではカチオン界面活性剤に両性界面活性剤を加えることは、トリートメントやリンスのツヤがなくなり、なめらかさがなくなることからタブーとされていました。安全性よりもクリームのなめらかさ、ツヤが優先されていたのです。

1970年代のシャンプーの主な配合剤

アニオン界面活性剤 **硫酸系／スルホン酸系**	＋	非イオン界面活性剤 **脂肪酸系／ポリオキシエチレン系**
（泡立ち）		（泡のコシ）
・ラウリル硫酸Na（危険） ・オレフィン（C12-14） スルホン酸Na（危険）		・コカミドDEA（安全） ・ラウレス7～14（危険）

〈問題点〉　人体に対して刺激があった

刺激を緩和する両性界面活性剤の登場

アニオン界面活性剤 **硫酸系／スルホン酸系**	＋	非イオン界面活性剤 **脂肪酸系**
（泡立ち）		（泡のコシ）

＋

両性界面活性剤

（製品の粘度、刺激の緩和）

1. **酢酸ベタイン系** ➡ **効果なし**
（ラウリン酸アミド酢酸ベタイン）
2. **イミダゾリン系** ➡ **少し改善**
（ラウリルアミドイミダゾリウムベタイン）　（色が変わるなど製品の安定化に問題）
3. **アミドプロピルベタイン系** ➡ **いちばん効果あり**
（ラウラミドプロピルベタイン）

泡立ちがいいことがシャンプーの第一条件

1980年代に入り、低刺激だとアピールするグルタミン酸系、アラニン系、グリシン系、サルコシン系などのアミノ酸系界面活性剤が登場しました。しかし、低刺激だというのはイメージだけで、結局はフケ・かゆみはもとより、手あれも軽減されることはありませんでした。逆に肌あれが増大し、加えてアレルギーを発症する人も増えました。

この頃、赤ちゃん用として哺乳ビン洗い用洗剤も開発しました。安全な刺激のない食品として使用されているシュガーエステルを使用したのですが、泡立ちが少なく汚れ落ちがよくないことからリンゴ酸を使用して洗浄力を上げましました。ミルクの汚れは完全に落ちましたが、一般のシャンプー剤の基剤には適していませんでした。

さまざまな界面活性剤をテストするなかで、アシルメチルタウリンナトリウムは肌あれを起こさず、フケやかゆみもありませんでした。

このタウリン系界面活性剤だけが刺激がないことから、安全性が高いとして、私は日本で初めてベビー用シャンプーに使用しました。

「タウリン系界面活性剤＋両性界面活性剤＋コカミドＤＥＡ」という組み合わせで作ったのが、ベビーシャンプーです。１９８８（昭和63）年のことでした。

同じ頃、市販メーカーはこのタウリンを使って〝超マイルドシャンプー〟と銘打つものを発売しました。しかし、タウリンは泡立ちが少ないのが欠点です。この欠点を補い、泡立ちを上げるために硫酸系界面活性剤を加えました。その結果、〝超マイルド〟の名とはまったく別物のシャンプーになりました。もちろん、消費者はそんなことは知りません。

タウリンは無毒ですが、泡立ちが低いという特性があります。私は、赤ちゃん用なので泡立ちが低くても大きな問題ではないと考えていました。ところが**一般消費者は、赤ちゃん用であっても泡立ちがよいシャンプーを求めていたのです。**超マイルドの商品どころか、刺激の大きなシャンプーそのものなのに。泡立ちのよさを重視すると、硫酸系界面活性剤を加えるしかなかったのでしょう。これ以降、私は泡立ちがよく、硫酸系ではない界面活性剤を開発するための戦いに挑み始めたのです。

石けんに代わる界面活性剤を見つけなくては……

ここで、私が考える安全なシャンプーの条件をまとめてみます。

①泡立ちがよいこと
②すすぎ時にきしまないこと
③肌への刺激が少ないこと
④目への刺激が少ないこと
⑤地球にやさしいこと

この5つの条件すべてを満足させなければなりません。

肌や髪、目など、すなわち人体に刺激がないことが大前提です。これまでも硫酸系界面活性剤の危険性は説明を重ねてきました。シャンプーは洗い流すものであっても、毎日使うものだからやさしい成分でなければならないのです。

また、人体にやさしいものであれば、地球環境にとってもやさしいものであるはずです。「環境に悪影響をおよぼすが人体にはやさしい」などというものは、この世にあるのでしょうか。もしあったとしても、そんなものは何の意味もありません。

これらの条件を踏まえたうえで、シャンプーとして泡立ちがよく、髪にしっとり感やまとまり感を与えるようなものでなくてはなりません。これこそがシャンプーの基本条件であると考えます。


先にも述べたとおり、タウリンを使用したベビーシャンプーは、泡立ちがよくなかったために、一般消費者からの大きな支持は得られませんでした。安全に泡立ちを上げるためには、ベビーシャンプーに石けんを加えるしか方法がないと考え、もう一度石けんを使うことを検討しました。

ところが、石けんにも問題がありました。体を洗ったときには肌にしっとり感やさっぱり感をもたらしてくれる石けんカスが、髪を洗ったときにはきしみ感を発生させてしまうことです。それにより、クシ通りが悪くなり、髪の毛がからまって髪の毛を傷つけてしまうことにもなります。これがいちばんの問題でした。

しかし、石けんカスが出ることは、石けんの構造上の問題です。つまり、石けんを使用して髪からきしみをなくすことはできず、結局石けんは髪の毛を洗うのには適していないということがわかったのです。

しかも、「石けんを使え！」ということでは、時代が逆行してしまいます。かつて、石けんを使うことによって石けんカスが電気洗濯機を壊し、下水道をつまらせ、ヘドロが増えました。また、20世紀に入り硫酸系界面活性剤（アルキルベンゼン）が誕生し急速に普及したために、石けんカスができる石けんは急激に生産量を減らしたのです。この流れは、まさに時代に逆行しているといえます。今後も、同じ道を歩むわけにはいきません。そこで私は、「石けんに代わる何かを」を考えなければならない、だれもが安心して使えるやさしいシャンプーを作らなければならないという強い信念を抱いたのでした。

石けんは泡立ちはいいが「きしみ」が発生する

アニオン界面活性剤
（タウリン系）
アシルメチルタウリンナトリウム

＋

非イオン界面活性剤
（脂肪酸系）
コカミドDEA

＋

両性界面活性剤
（アミドプロピルベタイン系）
ラウラミドプロピルベタイン

＋

アニオン界面活性剤
石けん

泡立ちは良く、肌刺激も非常に少ない、しかし、髪を洗ったときに「きしみ」が発生

石けんで「きしみ」が発生する原因

高級脂肪酸 R−COOH ＋ 水酸化ナトリウム NaOH ➡ 石けん R−COONa ＋ 水 H_2O

すすぎ時

石けん 2R−COONa ＋ 水酸化カルシウム $Ca(OH)_2$（水の中に含まれるカルシウム） ➡ カルシウム石けん $(R{-}COO)_2Ca$ ＋ 水酸化ナトリウム 2NaOH

カルシウム石けん → **石けんカス**

肌にはしっとり感・サッパリ感 ← 石けんカス → 髪にはきしみ感

石けんを使用して、髪の「きしみ」をなくすことはできなかった

石けんに代わる何かを!!!!

⬇

ラウレス-3酢酸の開発

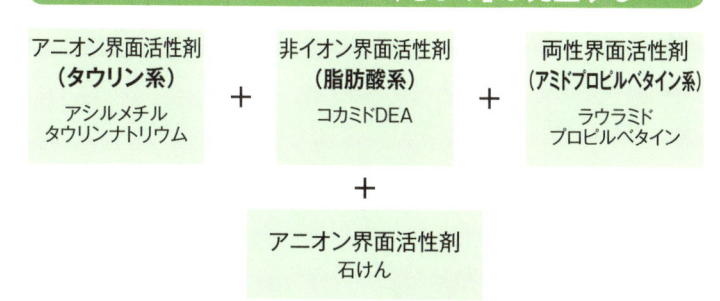

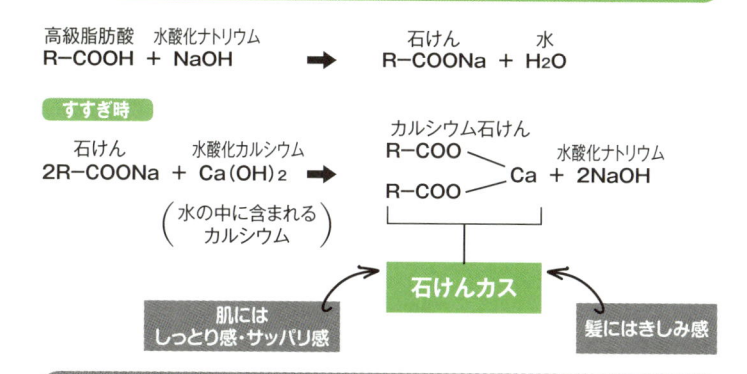

安全なお酢系界面活性剤「ラウレス-3酢酸アミノ酸」（特許第5057337号）のヒト3次元培養表皮モデルを用いた刺激性評価試験

これまでの皮膚刺激試験としては動物実験が主流でしたが、動物愛護の観点からin vitro試験（試験管や培養器内で行う試験）による代替法「LabCyte EPI（ラボサイト イーピーアイ）モデル」（※）を用い、刺激性評価試験を行いました。

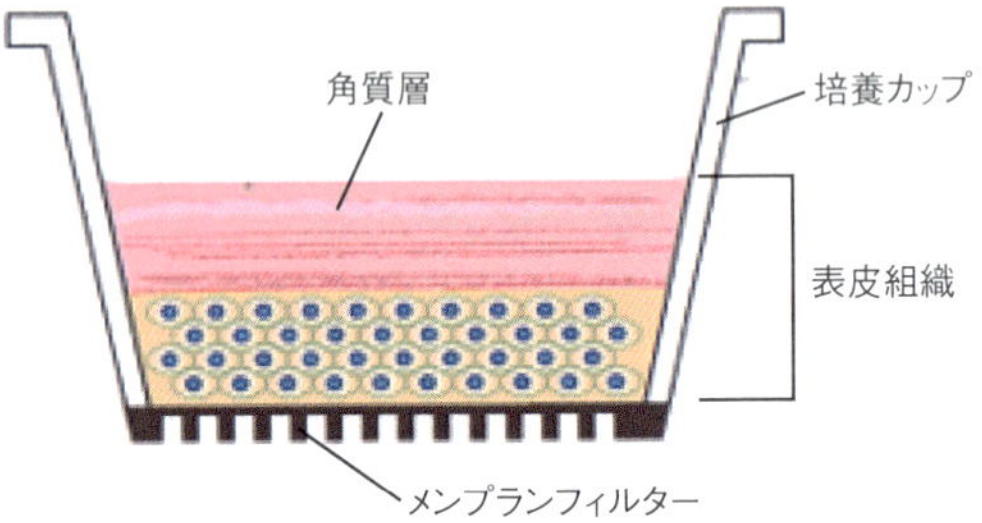

※ヒト正常表皮細胞を重層培養したヒト3次元培養表皮モデル。主として実験動物による皮膚刺激性試験の代替材料として開発されました。

実験操作

ヒト表皮細胞に各洗浄剤を入れて撹拌し、染色剤を加えます。「青紫色」に染色されているほど細胞が生存していて皮膚刺激性が低く、染色されなければ細胞が死滅していて刺激性が高いと判断します。（比色試験法）

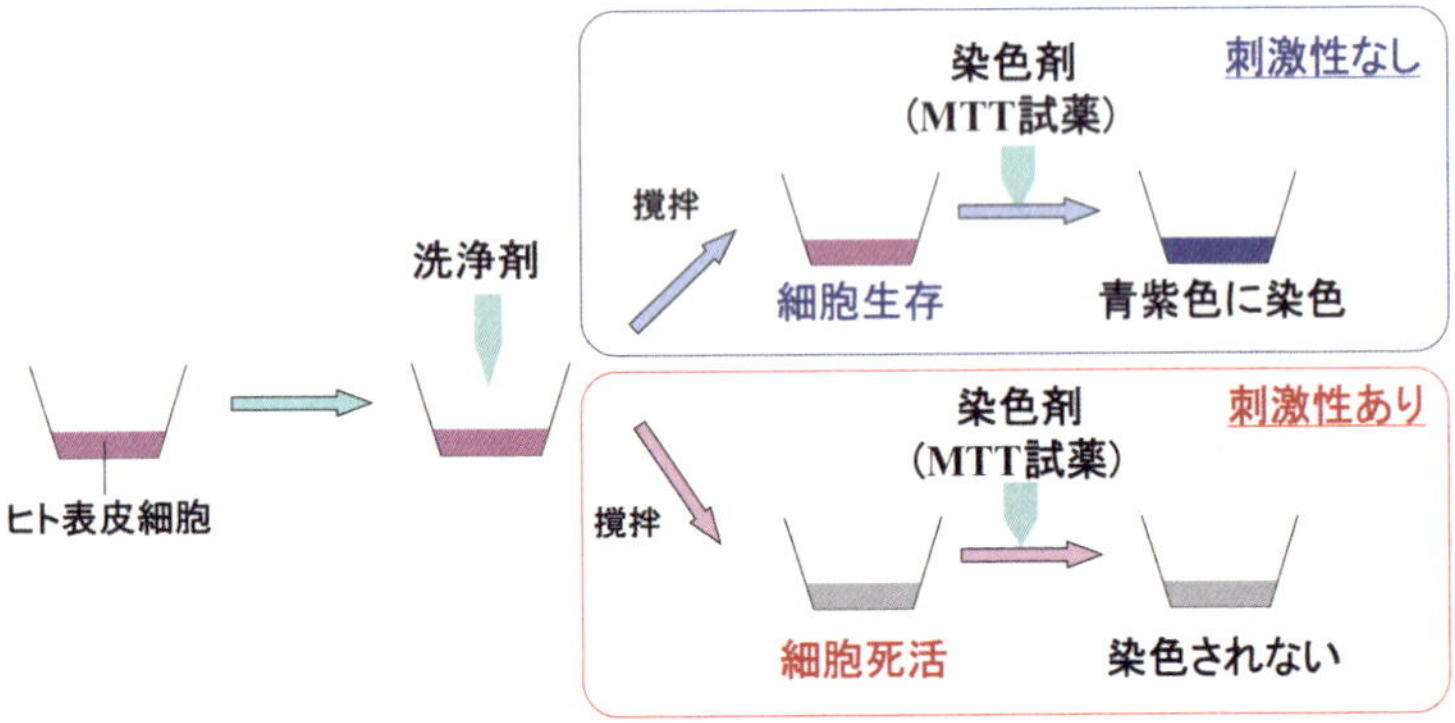

実験結果

「ラウレス-3酢酸アミノ酸」は、「青紫色」に染色されたことから、細胞が生存していて皮膚刺激性が低く、「ラウリル硫酸ナトリウム」は染色されなかったため、刺激性が高いことが判明しました。

細胞の生存率

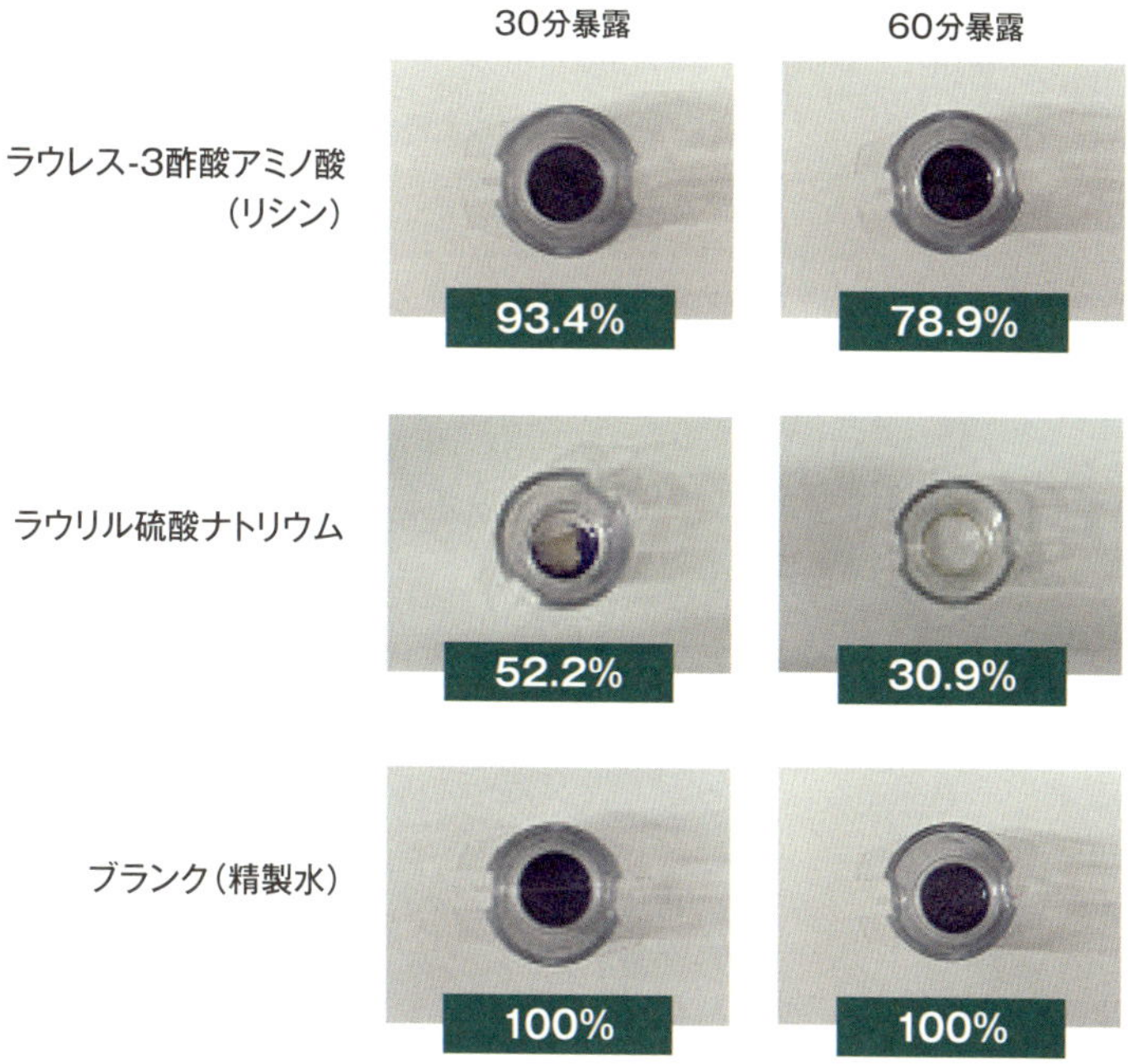

安全なお酢系界面活性剤「ラウレス-3酢酸アミノ酸」(特許第5057337号)使用シャンプーで「24時間閉塞ヒトパッチテスト」を実施

洗い流すものでは通常実施しない「パッチテスト」を、塗布して放置する「開放系」ではなく、塗布した上からガーゼなどで押さえつけて固定する「閉塞系」という、通常の洗い流さない化粧品よりも厳しい条件で安全性を確認しました。

実験方法

18歳以上の男女20名で「24時間閉塞ヒトパッチテスト」を実施。専門の皮膚科医により紅斑や浮腫の度合いを判定・点数化し、皮膚刺激指数を算出します。厳正な安全評価を行うため、厚生労働省登録の第三者機関で実施しました。

皮膚刺激指数による分類

皮膚刺激指数	判定
5.0以下	**安全品**
5.0~15.0	**許容品**
15.0~30.0	要改良品
30.0以上	危険品

※上記の分類は、1995年度から評価基準が厳しくなった数字。それ以前は、「15.0以下」を「安全品」と判定していました。

実験結果

皮膚刺激指数7.5（許容品）

シャンプーを24時間つけっぱなしでも「+判定（明らかな紅斑）」以上の判定はなく、「±判定（わずかな紅斑）」が3名。一般のシャンプーでは計測不能となるためパッチテストが行われることはありません。

別紙2
B　スキャルプシャンプー　の判定結果

試験実施日：平成24年7月[illegible]日～7月20[illegible]
皮膚刺激指数：　7.5

No.	Name	貼付24時間後	貼付48時間後	Age	Sex	評点
39	M. K.	−	−	41	♀	0
40	O. K.	−	−	48	♀	0
41	Y. J.	−	±	43	♀	0.5
42	Y. J.	−	−	36	♀	0
43	K. A.	−	−	29	♂	0
44	I. C.	−	−	41	♀	0
45	W. S.	−	−	34	♀	0
46	N. A.	−	−	58	♀	0
47	S. H.	±	−	39	♀	0.5
48	F. E.	−	−	20	♀	0
49	K. F.	−	−	57	♀	0
51	T. Y.	−	−	51	♀	0
53	K. K.	−	−	31	♀	0
55	T. R.	−	−	18	♀	0
56	T. F.	−	−	43	♂	0
57	U. H.	−	−	32	♀	0
58	K. A.	−	−	37	♀	0
59	S. M.	−	−	38	♀	0
61	S. M.	−	−	41	♀	0
62	K. J.	±	−	26	♀	0.5

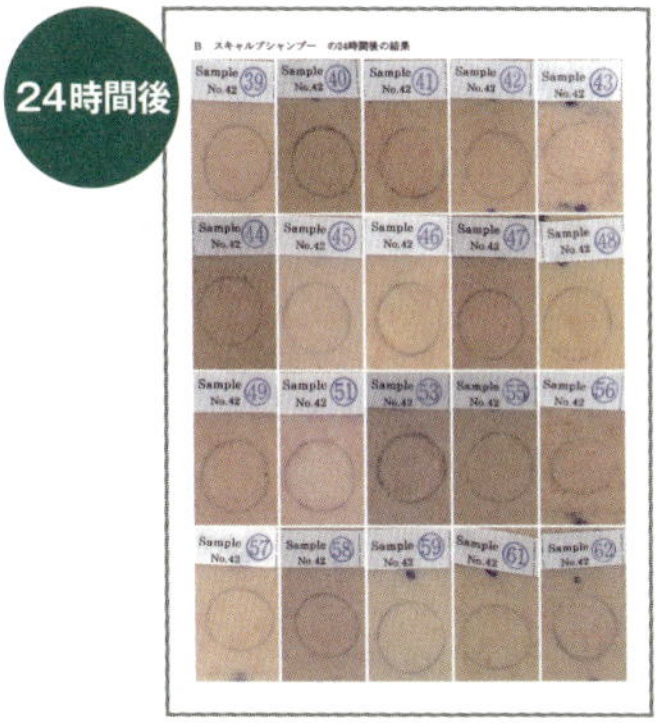

カチオン界面活性剤の刺激をイオン中和により緩和したトリートメントで「24時間閉塞ヒトパッチテスト」を実施

実験結果

皮膚刺激指数2.5（安全品）

実験方法は上記と同じ。トリートメントを24時間つけっぱなしでも「+判定（明らかな紅斑）」以上の判定はなく、「±判定（わずかな紅斑）」が1名。1日中つけたままの化粧品よりも刺激がないことが判明しました。

B　スキャルプトリートメント　の判定結果

試験実施日：平成24年7月[illegible]日～7月20[illegible]
皮膚刺激指数：　2.5

No.	Name	貼付24時間後	貼付48時間後	Age	Sex	評点
39	M. K.	−	−	41	♀	0
40	O. K.	−	−	48	♀	0
41	Y. J.	−	−	43	♀	0
42	Y. J.	−	−	36	♀	0
43	K. A.	−	−	29	♂	0
44	I. C.	−	−	41	♀	0
45	W. S.	−	−	34	♀	0
46	N. A.	−	−	58	♀	0
47	S. H.	−	−	39	♀	0
48	F. E.	−	−	20	♀	0
49	K. F.	−	−	57	♀	0
51	T. Y.	−	−	51	♀	0
53	K. K.	−	−	31	♀	0
55	T. R.	−	−	18	♀	0
56	T. F.	−	−	43	♂	0
57	U. H.	−	−	32	♀	0
58	K. A.	−	−	37	♀	0
59	S. M.	−	−	38	♀	0
61	S. M.	−	−	41	♀	0
62	K. J.	±	−	26	♀	0.5

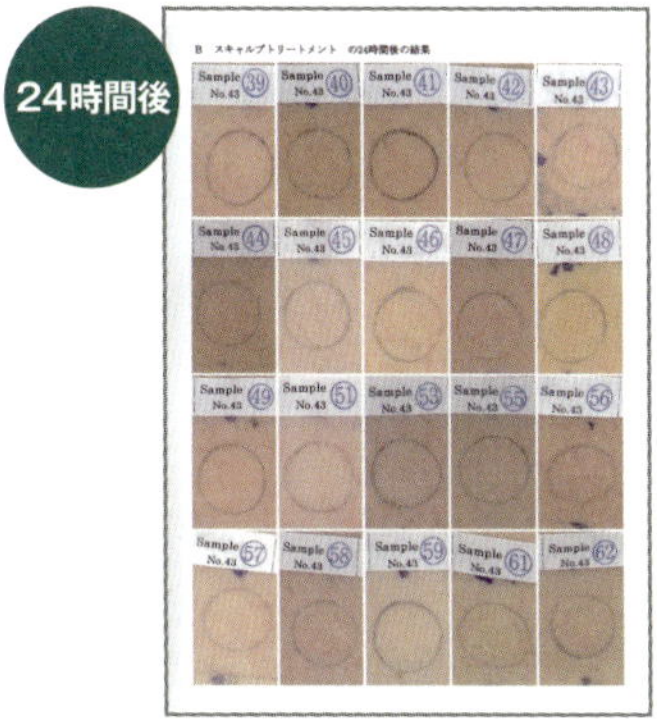

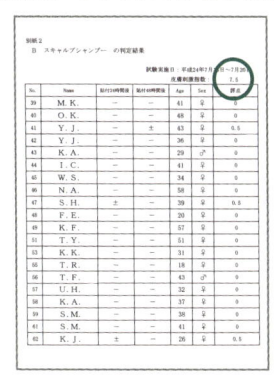

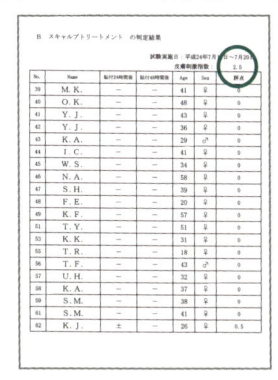

お酢由来の界面活性剤の第一歩を踏み出す

石けんが肌に低刺激であることは事実です。それは何故なのでしょうか。私は石けんの化学式を何度も見つめ、その構造を考えました。

石けんは「脂肪酸」から合成されますが、それを「ヤシ油アルコール」に代えて石けんが作れないかを考えました。

というのも、石けんの低刺激性はその親水基が「カルボン酸」（COOH）だからではないかとの仮説をもったからです。

石けんは天然成分に由来するから刺激が少ないとも考えられました。そこで私は、その秘密は親水基のカルボン酸にあるのではないかと考えたのです。

シャンプーの親水基にカルボン酸を付けるなら、石けんを合成する脂肪酸を使用せず「ヤシ油アルコール」を原料としてスタートし、そこに低級脂肪酸（※）を反応させる必要があります。

ラウレス-3酢酸と石けんの比較

	お酢系シャンプー（ラウレス-3酢酸）	石けん（ラウリン酸Na）
構造式	$C_{12}H_{25}O(CH_2CH_2O)_3CH_2COOM$	$C_{11}H_{23}COONa$
pH	弱酸性～中性	弱アルカリ性
泡立ち	弱酸性～中性で良好	弱アルカリ性で良好
対硬水性	良	悪
泡切れ	良	良
皮膚刺激性	ほとんどなし	ほとんどなし
眼粘膜刺激性	ほとんどなし	ほとんどなし

石けん
（ラウリン酸Na）

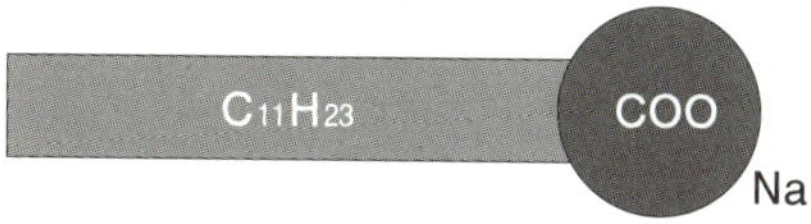

お酢系シャンプー
（ラウレス-3酢酸）

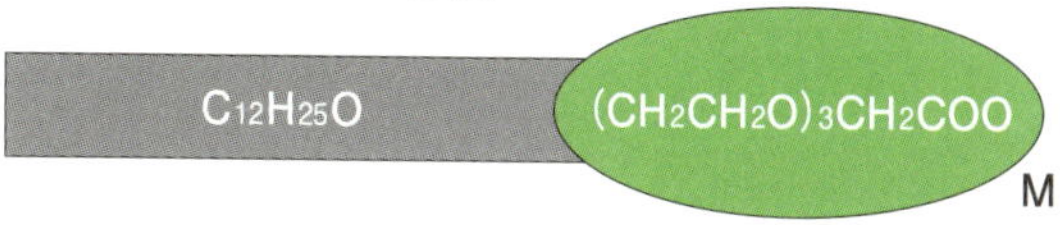

低級脂肪酸の種類としては、蟻酸、酢酸、プロピオン酸が考えられました。実験をしてみると、ヤシ油アルコールと蟻酸はほとんど反応しません。残る酢酸とプロピオン酸では、酢酸のほうが反応がいいことがわかりました。ここから私は、お酢の酸味の主成分である酢酸を使った安全な界面活性剤「ラウレス-3酢酸」の開発への道を歩み始めたのです。

※ 炭素数10以下の脂肪酸。高級低級は、質の良し悪しではなく炭素数の数。

ラウレス-3酢酸ナトリウムの開発からラウレス-3酢酸アミノ酸の発明まで

「石けんの低刺激性は、その親水基がカルボン酸だからではないか」という仮説からスタートした私の挑戦でしたが、そもそもの狙いは、あくまでも耐硬水性（水中のカルシウムに影響を受けない性質）のある無刺激の界面活性剤を作ることにありました。

耐硬水性を上げるために、

①反応性を向上させるため、ヤシ油アルコール（混合アルコール）から、ラウリルアルコール（単一アルコール）への変更

②水中のカルシウムの影響を受けないようにするため、エチレンの付加

という2点が必要となります。

ラウリルアルコール、あるいはエチレンを1対1で付加すると、とても反応性が良いという結果が得られました。しかし、反対に非イオン性が強くなり、泡立ちが悪くなるという悪影響も出ることとなりました。

その結果、

①原料としては、ラウリルアルコールを使用

②エチレンは3モル付加

が、ベストな組み合わせであるとわかりました。

合成アルコールにエチレンをたくさん付加するほど泡立ちが悪くなるので、ラウリルアルコールにエチレン3モルを付加することを考え、泡立ちを多くしました。

後は反応を上げることに専念し、試行錯誤を繰り返した結果、1990（平成2）年、現在の**「ラウリルエーテルカルボン酸（ラウレス-3酢酸）ナトリウム」が完成**したのです。

この「ラウリルエーテルカルボン酸（ラウレス-3酢酸）ナトリウム」（炭素数12）は、天然のヤシ油からできた酢酸です。ところが、界面活性剤メーカーから、石油からできた合成の酢酸「アルキルエーテルカルボン酸ナトリウム（合成エーテルカルボン酸）」（炭素数11、13、15、17）がすでに発売されていました。おそらくこの特許を申請したときに、炭素数が11~18までをひとくくりに特許の有効範囲に入れたのでしょう。そのため、炭素数が12の天然の「ラウリルエーテルカルボン酸（ラウレス-3酢酸）ナトリウム」は存在しないにもかかわらず特許成分になっていたわけです。しかし、私が「ラウリルエーテルカルボン酸（ラウレス-3酢酸）ナトリウム」を完成させたときには、その特許も20年を経過して無効になっていました。

ですから、当時は「ラウレス-3酢酸ナトリウム」という物質は世の中には存在せず、新規物質であったために、私が化学品登録を行いました。化粧品の世界では、世の中にミュータント（突然変異体）を作ってはいけません。したがって「こういうものを出します」と、事前にケミカル・アブストラクト・サービス（CAS）（※）に登録をする必要があります。

また、この時に、特許はただ配合の新規性だけではなく、何に有効性があるのかも示す必要があると感じました。

1990（平成2）年当初は、「ラウレス-3酢酸ナトリウム」が最も皮膚刺激の少ない界面活性剤でした。石けんと同じくらいの刺激ですから、十分なやさしさといえるでしょう。確かに、抜け毛や肌あれは硫酸系のものと比べると格段に改善されましたが、急によくなることはありませんでした。もっと刺激のないものを作りたい、その思いがいっそう強まりました。

最近でこそ、硫酸系やスルホン酸系の界面活性剤に刺激があることを知る人も増えてきており、メーカーのなかには「やさしい洗浄剤」「低刺激洗剤」、あるいは「高品質の洗浄成分」などとうたい、盛んにPRしているものもあります。

実際、低刺激の界面活性剤はたくさんあります。**しかし、シャンプーの洗浄剤として使用する場合には「やさしい」だけではダメで、洗浄力も泡立ちもよくなければいけません。**肌にやさしくても、洗浄力が低かったり、泡立ちが悪かったりするシャンプーは一般消費者に受け入れられないのです。それをカバーするために、硫酸系洗浄剤を加えるなど、本末転倒なシャンプーも存在します。

シャンプーは髪や肌に「やさしい」ことと、「洗浄力と泡立ち」を両立しなければならない。私はこの事実を、タウリンを使用したベビーシャンプーを作ったときに痛感しました。赤ちゃん用なら、少しくらい泡立ちが弱くてもいいだろうと思ったのですが、それは間違っていました。だからこそ研究を進め、それを両立したものとして「ラウレス-3酢酸ナトリウム」、「ラウレス-3酢酸アミノ酸（リシン・ヒスチジン・アルギニン）」へと進化していったのです。

※　米国化学会の情報部門で、公表されたすべての化学物質の情報を収集・体系化する世界で唯一の機関。

特許成分・ラウレス-3酢酸アミノ酸が誕生

研究を続けた結果、2008（平成20）年春、ラウレス-3酢酸と塩基性アミノ酸（リシン・ヒスチジン・アルギニン）との融合による進化を実現することに成功しました。これにより、皮膚刺激がなくタンパク変性も起こさない界面活性剤「ラウレス-3酢酸アミノ酸」（正式名は、ラウリルエーテルカルボン酸アミノ酸塩）が誕生しました。特許を出願し、特許を取得（特許第5057337号）するに至ったのです。

ラウレス-3酢酸ナトリウムからラウレス-3酢酸アミノ酸に替えてすぐに、肌あれをはじめとした多くの肌トラブル、アレルギー、抜け毛や細毛、パサつきなどの髪トラブルに大きな効果が出はじめました。

もともと界面活性剤は酸性ですから、アルカリ性のナトリウムなどで中和していました。それをアミノ酸に替えたということは、この塩基性アミノ酸（リシン・ヒスチジン・アルギニン）はアルカリ性だということです。アミノ酸には酸性と中性とアルカリ性のものがあり、アルカリ性のアミノ酸はこのリシン、ヒスチジン、アルギニンの3つしかなかったのです。

「ラウレス-3酢酸ナトリウムのナトリウムをアミノ酸に変えただけじゃないか。簡単なことなのでは？」と思われたかもしれませんが、ラウレス-3酢酸ナトリウムは単体で生成されるため、そのナトリウムを取ることができませんでした。

長年の研究の結果、やっと「酢酸ナトリウム」の「ナトリウム」が外せるようになり、単独でアミノ酸を使えるように

「低刺激性液体洗浄組成物」として特許を取得

そして2008年春

ラウレス-3酢酸と塩基性アミノ酸との融合による進化を実現

〈2008年4月8日に特許出願、2012年8月10日特許第5057337号取得〉

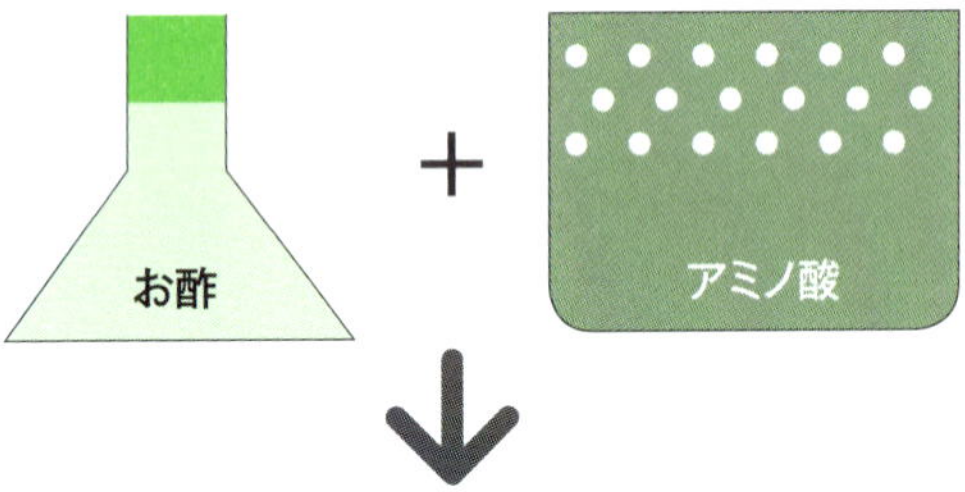

特許成分（ラウレス-3酢酸アミノ酸）

なったのです。

前述したように、1990（平成2）年当初は、ラウレス-3酢酸ナトリウムが最も皮膚刺激の少ない界面活性剤でした。刺激は石けんと同じくらい。しかし、石けんはタンパク変性もするし、24時間つけっぱなしでは皮膚刺激にもなります。

1990年に発明したラウレス-3酢酸ナトリウムのスタートから、「もっと刺激のないものを」と追求した結果、タンパク変性を起こさない、24時間パッチテストまでできるラウレス-3酢酸アミノ酸という界面活性剤の開発に成功したのです。

ラウレス-3酢酸ナトリウムを発明してから25年。2008（平成20）年の春、ラウレス-3酢酸と塩基性アミノ酸（リシン・ヒスチジン・アルギニン）との組み合わせが新規物質となるだけでなく、それが低刺激である証明をし、「低刺激性液体洗浄組成物」として特許を申請・取得しました。

余談になりますが、存在しない「ラウレス-3酢酸ナトリウム」の特許を取得していたメーカーも、ナトリウム以外の中和剤としてアミノ酸までを有効範囲には入れていませんでした。それはとても大きいことでした。

ここで、ラウレス-3酢酸アミノ酸の効果をまとめてみましょう。

①低刺激性洗浄剤であり、髪や頭皮に負担を与えない
②分解性が高く、地球環境を汚染しない
③泡立ちがよく、洗浄効果に優れる
④きしみ感を与えない洗浄剤である

この4点については特に優位性がある物質なのです。

もちろん、根拠なくこれらの効果をうたっているわけではありません。これらについて、入念なテストを繰り返してその効果をきちんと確認しています。

「低刺激性洗浄剤で、髪や頭皮に負担を与えない」効果を実証❶

ここではラウレス-3酢酸アミノ酸の効果を実証するために開発時に行った各種試

験とその結果について説明しましょう。

①低刺激性洗浄剤であり、髪や頭皮に負担を与えない

この効果を確認するための試験として、まず**「ヒト3次元培養表皮モデルを用いた刺激性評価試験」**を行いました。

それまで、「皮膚刺激試験」としては通常ウサギやモルモットを用いた動物実験が主流でした。しかし、近年高まりつつある動物愛護の観点からin vitro試験（試験管内など、人工的な条件下で行われる試験）による代替が注目を集めています。このため、私も人工細胞「LabCyte EPIモデル（ヒト3次元培養表皮モデル＝ヒト正常表皮細胞を重層培養したモデル）」を用いた刺激評価試験を行いました。このモデルは、主として実験動物による皮膚刺激性試験の代替材料として開発されたもので、ヒト細胞を用いているため、動物実験と比較しても種差がありません。

刺激性評価試験は、まずヒト表皮細胞にテストする洗浄剤を加えて撹拌します。すると細胞が生存していれば染色剤（ＭＴＴ試薬）を加えると青紫色に染色されます。

逆に細胞が死活していれば染色されません。

つまり、青紫色に染色されているほど細胞が生存していて、皮膚への刺激性が低いと評価されます。そして、シミができる情報を出す酵素であるインターロイキン-1α、アレルギーを発症する情報を出す酵素であるインターロイキン-4を出さないことがわかっています。

ラウレス-3酢酸アミノ酸（リシン）は、30分暴露（薬品にさらすこと）、60分暴露ともに青紫色に染色されました。一方、ラウリル硫酸ナトリウム（一般シャンプーの洗浄成分。103ページ参照）は30分暴露、そして60分暴露と染色されない状態へと進行しました（144ページ参照）。

この試験では、精製水でも青紫色になりました。ブランクテスト（対象試験＝ある条件の効果を調べるために、他の条件はまったく同じにして、その条件のみを除いて行う実験）として適正であることを示しています。また、この試験は常に同じ時刻に行わなければなりません。常に対象と比較することが、正確性の基準となるのです。

この試験はあくまでも比色試験で評価するものですが、光度計で数値化をしてまとめました。

数値で表すと、ラウレス-3酢酸アミノ酸（リシン）の細胞生存率は30分暴露で93・4％、60分暴露で78・9％。ラウリル硫酸ナトリウムは30分暴露で52・2％、60分暴露で30・9％でした。数値が高いほど細胞が死なずに生きているということですから、より安全だということです。

ラウレス-3酢酸アミノ酸（リシン）の細胞生存率は圧倒的に高く、すなわち皮膚刺激性が低いということです。ラウレス-3酢酸アミノ酸（リシン）は、一般シャンプーの洗浄成分（ラウリル硫酸ナトリウム）に比べて、特に短時間使用において非常に低刺激性であることが示されたわけです。

さらに、**「ヒト3次元培養表皮モデルを用いた短時間刺激性評価試験」**も行いました。テストに用いた洗浄剤は、世界で最もポピュラーな洗浄成分ラウリル硫酸ナトリウム、ヤシ油脂肪酸カリウム（石けん）、ラウレス-3酢酸アミノ酸（リシン）の3種類。泡立ちがよく洗浄剤の主剤となる界面活性剤で洗浄力が同等のとき、10分放置した後の細胞生存率を調べると、**石けんよりもラウレス-3酢酸アミノ酸（リシン）のほうが低刺激（細胞が長生きする）であることもわかりました。**

ついに石けんよりもやさしい界面活性剤が完成したと確信がもてた実験でした。

ヒト3次元培養表皮モデルを用いた短時間刺激性評価試験

実験操作	LabCyte EPIモデル(J-TEC)、を用い、洗浄剤(ラウリル硫酸Na・ラウレス-3酢酸リシン・ヤシ油脂肪酸K)を10分間暴露させた後、MTT試薬により染色をし刺激性をみた。

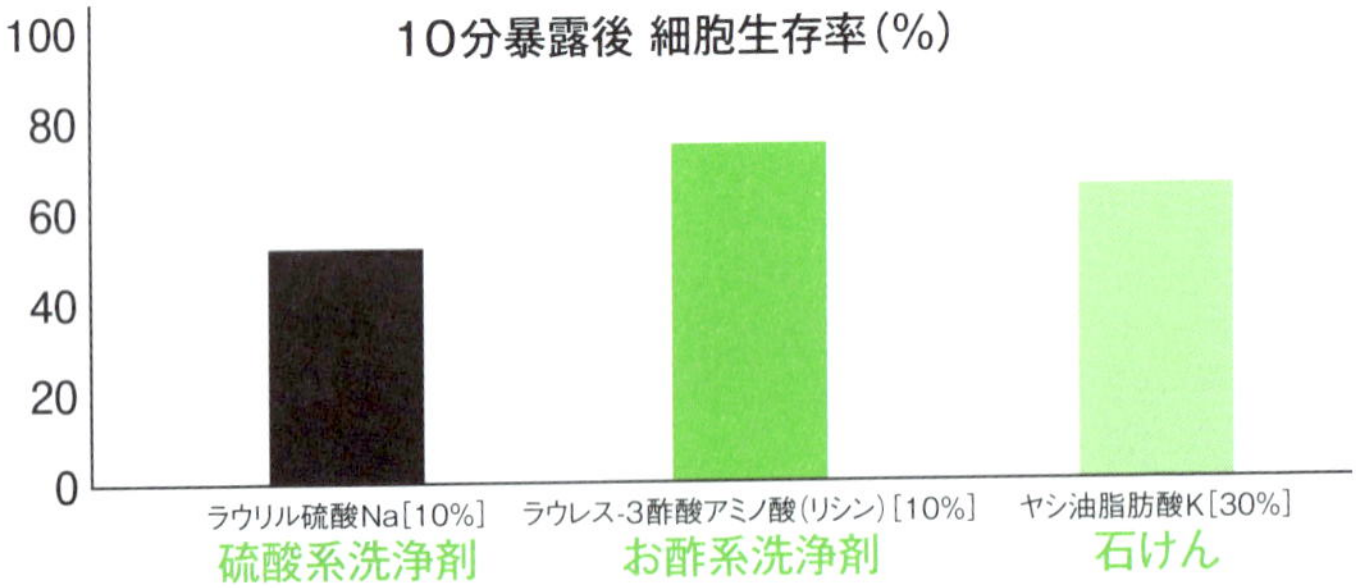

洗浄力が同等のときでは、石けんよりもラウレス-3酢酸アミノ酸のほうが低刺激であることが明らかとなった

「低刺激性洗浄剤で、髪や頭皮に負担を与えない」効果を実証❷

もうひとつ、ラウレス-3酢酸アミノ酸が、

①低刺激性洗浄剤であり、髪や頭皮に負担を与えない

この低刺激性を評価する試験として、**「タンパク変性試験」**も行いました。

そもそもタンパク質はアミノ酸が重合したポリマー（高分子の有機化合物）で、生体の構成物質です。人間の体には15～20％ほど含まれ、水分を除くと最も含有量の多い構成物質です。毛髪では60～70％と、その大半を占めている重要な成分です。

にもかかわらず、一般のシャンプーの洗浄剤（硫酸系界面活性剤）には、タンパク質を変性させる性質があります。ラウリル硫酸ナトリウム（103ページ参照）は、タンパク質同士をつないでいる水素結合（水で柔らかくなる結合）に割り込み、タンパク質の三次、四次構造（※）をくずしシスチン結合をくずします。すると**髪にうる**

タンパク変性による障害（イメージ図）

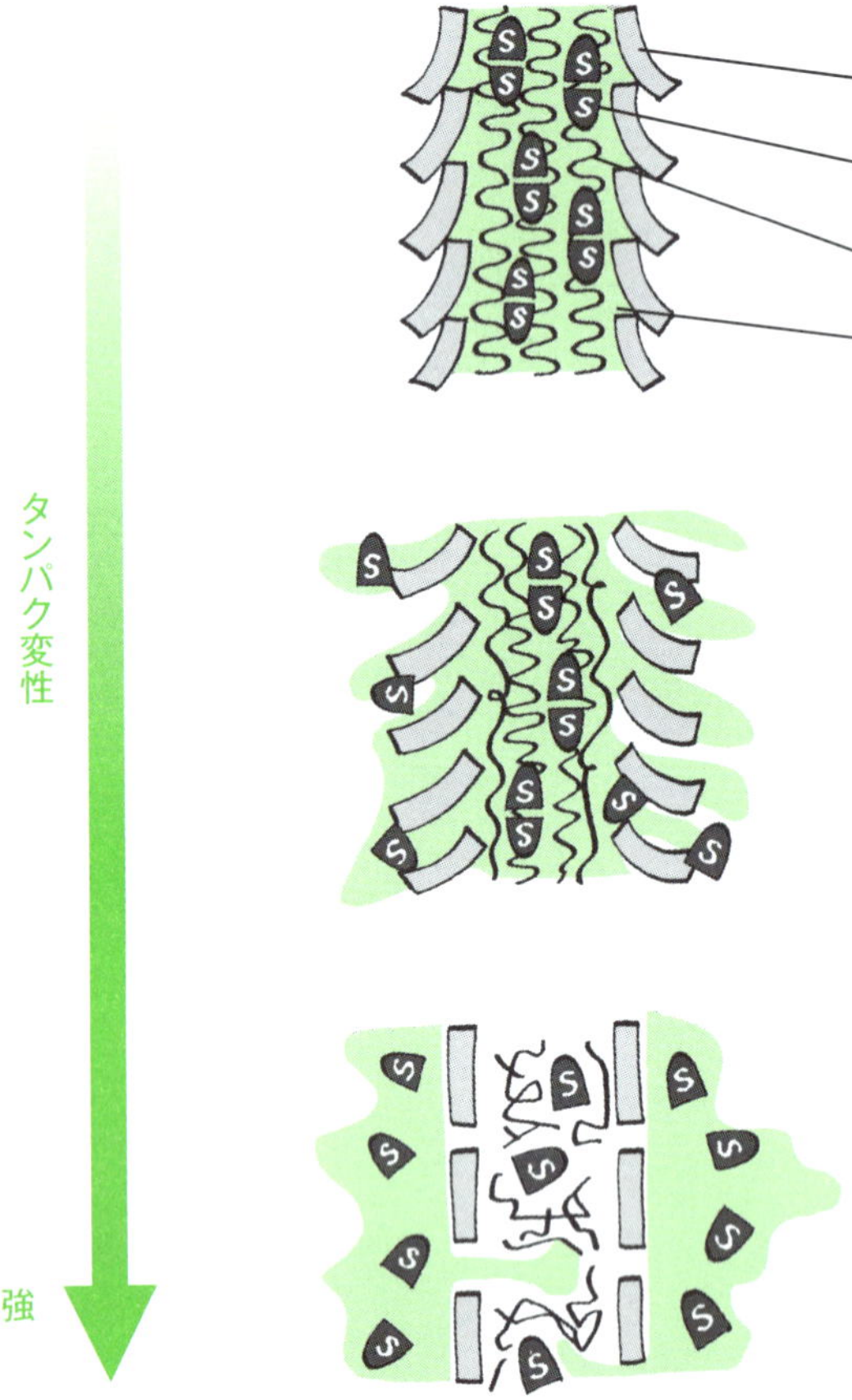

タンパク変性が進行すると、キューティクルがめくれたり、髪の中のタンパク質が切れたりするため油分が外に流れ出て、髪にうるおいがなくなる・バサつく・ゴワゴワする。さらに進行すると、髪が染まりにくくなる・脱毛しやすくなるなどの問題が起こる。

資料：Michaux C.et.al. BMC Structural Biology, 8.29（2008）.

おいがなくなり、パサつく、ゴワゴワするなどのトラブルが現れます。さらに進行すると、染毛剤を用いても髪が染まりにくくなったり、脱毛しやすくなったりするなどの深刻なトラブルを招きます。

よく、「パーマやカラーリングで髪が傷む」といいますが、そんなことはないのです。硫酸系のシャンプーで傷んだ髪にパーマやカラー剤を重ねるから、髪が傷んだように見えるだけ。それもシャンプーメーカーの戦略かもしれません。

タンパク変性試験は、1％の水溶液に希釈した各洗浄剤と、卵白アルブミン水溶液（濃度0・05％）を1対9の重量比で混合し、30分後に変性しなかったタンパク質をして高速液体クロマトグラフィー（ＨＰＬＣ）でどのくらい含まれているかを測定（定量）してタンパク変性率を求めました。ＨＰＬＣは、混合している複数の物質を分離する機器で、短時間での分離が可能、微量成分の定性（何が含まれているのか）・定量（どれくらいの量が含まれているのか）が正確に行える、再現性に優れるなどの特性をもっています。

この実験の結果、ラウレス-3酢酸アミノ酸（リシン）のタンパク変性率は3・9%、ラウレス硫酸ナトリウム（一般シャンプーの洗浄成分。103ページ参照）は61・1%でした。つまり、ラウレス-3酢酸アミノ酸（リシン）は、一般シャンプーの洗浄剤（ラウレス硫酸ナトリウム）と比較して、非常に低いタンパク変性率しか有していないことが明らかになったのです。

「ヒト3次元培養表皮モデルを用いた刺激性評価試験」、「タンパク変性試験」という2つの試験によって、ラウレス-3酢酸アミノ酸は低刺激性洗浄剤であり、髪や頭皮に負担を与えない洗浄剤だということがはっきりと証明されたのです。

私がいつも言っている「顔が洗えるシャンプー」「目に入っても痛くないシャンプー」であることを、きちんとデータが証明してくれました。

※　タンパク質はアミノ酸の集合体で4つの階層構造をもつ。アミノ酸配列の一次構造から四次構造まであり、身体をつくる役割がある。

「分解性が高く、地球環境を汚染しない」効果を実証

ラウレス-3酢酸アミノ酸の効果の2つめ、

②分解性が高く、地球環境を汚染しない

を評価する**「環境試験（生分解性）」**について説明しましょう。

合成洗剤が普及した当初、主成分だったアルキルベンゼンスルホン酸ナトリウム（ABS）が河川の深刻な汚染を引き起こし、その後、直鎖アルキルベンゼンスルホン酸ナトリウム（LAS）に切り替えられたことは、3章の「危険な界面活性剤」で説明したとおりです。

しかし、LASの分解性が多少高くなった程度の変化しかありませんでした。現在のシャンプーの主流であるラウリル硫酸ナトリウムやラウレス硫酸ナトリウムにしても、依然として生分解性が低く地球環境に大きな影響を与えていることに変わりがないことは知っていましたが、きちんとデータで示したいと試験を行いました。

この分解性の高さを調べる試験の実験操作は、30㎎／Lの濃度に調整した各洗浄剤について、合成洗剤分解度試験方法（JIS K3363-1990）を用いて、14日間のＤＯＣ（水に溶けた有機炭素）の残存料を測定することにより、分解度の算出を行うものです。

この結果、ラウレス-3酢酸アミノ酸（リシン）の生分解性は非常に早く、ラウレス硫酸ナトリウムが3日たっても半分しか分解されないのに、3日で約80％も分解されます。14日後には、ラウレス硫酸は65％、ラウレス酢酸は88％分解されました。

ラウレス-3酢酸アミノ酸は、一般的なシャンプーの洗浄剤であるラウレス硫酸ナトリウムより23％も分解が早いということです。このように**早く分解されるということは下水処理場の処理時間が短縮できるということですから、CO_2量を23％削減できると考えられます。つまり、分解性が高いということは、〝地球にやさしい〟ということ**がよくわかります。

一般ユーザーは、きれいになりながらエコもできる、サロンはシャンプーを販売することがエコにつながる、そう思うと、知らず知らずに地球環境の保全に役立っていると胸を張りたくなるのではないでしょうか。

環境試験（生分解性）

実験操作

30mg/Lの濃度に調製した各洗浄剤について、合成洗剤分解度試験方法（JIS K3363-1990）を用いて、14日間のDOC（水に溶けた有機炭素）の残存量を測定することにより、分解度の算出を行った。

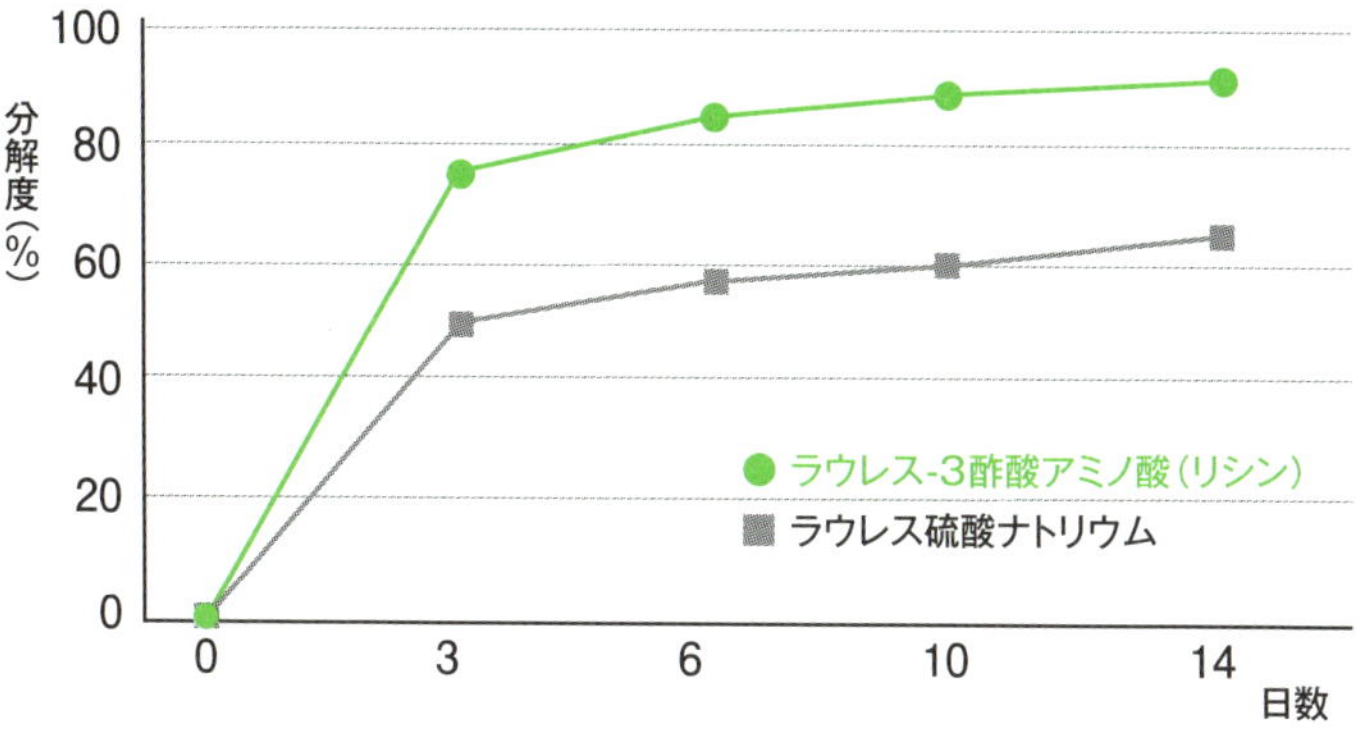

実験結果

洗浄剤	14日後の生分解性(%)
ラウレス-3酢酸アミノ酸（リシン）	88
ラウレス硫酸ナトリウム	65

ラウレス-3酢酸アミノ酸（リシン）は、一般シャンプー洗浄成分（ラウレス硫酸ナトリウム）と比較して23%分解が早い。早くなれば、処理時間が短縮できるためCO_2量を23%削減できると考えられる。

「泡立ちがよく、洗浄効果に優れる」効果を実証

ラウレス-3酢酸アミノ酸の効果の3つめ、**③泡立ちがよく、洗浄効果に優れる**については**「起泡性試験」**を行いました。

肌にやさしいタウリン系が受け入れられなかった最大の理由が泡立ちの低さでした。一方、ラウレス硫酸ナトリウムが使い続けられている理由こそが泡立ちのよさにあるのです。

この起泡性試験の実験操作は、ラウレス-3酢酸アミノ酸（リシン）とラウレス硫酸ナトリウムを15ppm（CaO換算）の硬水で、濃度0・1％と0・2％に希釈後、クエン酸もしくは水酸化ナトリウムを用いてpHを7・0±0・1に調整。この水溶液200mℓをパナソニック株式会社（旧松下電器産業）製のファイバーミキサー（M

X‐V200）にとり、25℃で30秒間撹拌した直後の泡高さを読み取り起泡力としました。

その結果、ラウレス‐3酢酸アミノ酸の泡高さ（ミリ）は、濃度0・1％の場合は105ミリ、濃度0・2％の場合は109ミリでした。一方、ラウレス硫酸ナトリウムは濃度0・1％の場合は113ミリ、濃度0・2％の場合は115ミリでした。その差は6～8ミリと、わずかな差でした。

これはつまり、**ラウレス‐3酢酸アミノ酸（リシン）は、一般シャンプー洗浄成分（ラウレス硫酸ナトリウム）とほぼ**

起泡性試験

実験操作

各洗浄剤を15ppm(CaO換算)の硬水で濃度0.1%、0.2%に希釈後、クエン酸もしくは水酸化ナトリウムを用いてpHを7.0±0.1に調整。この水溶液200㎖をパナソニック(株)製、ファイバーミキサー(MX-V200)にとり、25℃で30秒間撹拌した直後の泡高さを読み取り起泡力とした。

実験結果

洗浄剤	泡高さ(mm)	
	0.1%	0.2%
ラウレス-3酢酸アミノ酸(リシン)	105	109
ラウレス硫酸ナトリウム	113	115

ラウレス-3酢酸アミノ酸(リシン)は、一般シャンプー洗浄成分(ラウレス硫酸ナトリウム)とほぼ同等の起泡力を有していることが示された。

同等の起泡力を有していることが示されたと判断できます。

シャンプーの第一条件は泡立ちです。泡立ちが硫酸系洗浄剤より低ければ消費者には受け入れられません。そのために、ラウレス-3酢酸アミノ酸にも同等の泡立ちを確保させました。ラウレス-3以外のものでは泡立ちが低く、硫酸系洗浄剤に代わるシャンプーとはならないことはわかっていたので、これはとても重要なデータです。

「きしみ感を与えない洗浄剤である」効果を実証

最後に、

④きしみ感を与えない洗浄剤である

という効果を確かめるために、**「耐硬水性試験」**を行いました。

石けんがシャンプーに適さないのは、石けんカスが髪にきしみ感を与えることでした。ラウレス硫酸ナトリウムが使い続けられている理由は、泡立ちのよさに加え、きしみ感を与えないことにもあります。

この耐硬水性試験の実験操作は、１％水溶液に希釈したラウレス-３酢酸アミノ酸（リシン）とラウレス硫酸ナトリウム10㎖に、25℃で撹拌した濃度０・１モル／リットルの塩化カルシウム水溶液を滴下し、濁り始めた滴定量を測定しました。この実験は、どのくらいの量のカルシウムまで加えても濁らずに持ちこたえられるかを測定するも

耐硬水性試験

実験操作

1%水溶液に希釈した各洗浄剤10㎖に、25℃で撹拌した濃度0.1mol/Lの塩化カルシウム水溶液を滴下し濁り始めた時点の滴定量を耐硬水性とした。

実験結果

洗浄剤	耐硬水性(㎖)
ラウレス-3酢酸アミノ酸(リシン)	>200
ラウレス硫酸ナトリウム	>200

ラウレス-3酢酸アミノ酸(リシン)は非常に高い耐硬水性を有しており、使用の際においても高い安定性をもち、きしみ感を与えないことが示された。

ので、これを耐硬水性としました。

結果は、ラウレス-3酢酸アミノ酸、ラウレス硫酸ナトリウムともに、200㎖を超えて濁り始めました。

つまり、**ラウレス-3酢酸アミノ酸は、一般シャンプー洗浄成分(ラウレス硫酸ナトリウム)と同等の非常に高い耐硬水性を有し、使用に際しても高い安定性をもっており、髪にきしみ感を与えないことが証明された**わけです。

この耐硬水性試験は、水のカルシウム濃度が高い地域でシャンプーや石けんの泡が立ちやすいかを調べる試験です。日本の水はカルシウムをほとんど含まない軟水ですが、カルシウムを多く含む硬水地域は、日本以外の国に多く存在しています。ちなみに、アミノ酸シャンプーは硬水に弱く、泡が立ちにくいので、世界でも軟水でカルシウム濃度が低い日本のみの発売となっています。

肌につける化粧品より刺激がないことをパッチテストで証明

ここまで、ラウレス-3酢酸アミノ酸の4つの効果を実証する実験について説明してきました。私は、これらの結果を受け、さらには、各サロンからシャンプーを実際に使用した人が肌の調子がよくなった、髪が抜けなくなったという声が届くようになり、ラウレス-3酢酸アミノ酸の安全・安心をいっそう確信しました。それをデータで示すために、パッチテストを実施することにしたのです。

特定の成分が皮膚にどれほど刺激を与えるかについて行われるのが、パッチテストです。しかし**通常、洗い流すもののパッチテストを行うことはありません。**

なぜなら、**洗い流すもので皮膚刺激がないものなどあり得ないからです。**たとえ行ったとしても、本来1％濃度溶液で行うべきところを、高評価を得るために規定以上に薄めて行うようなことも見受けられるのが実状です。

けれども、私が選択したのは、信用性の高い第3者機関に依頼しての**「24時間閉塞ヒトパッチテストによる皮膚一次刺激性試験」**でした。

これはパッチテストの暴露時間（塗布時間）を塗布24時間後、さらに48時間後と長時間におよぶもので、なおかつ製品を塗布してそのまま放置する「開放系」ではなく、塗布した上からガーゼなどで押さえつけるように固定する「閉塞系」の試験法を選択しました。**一日中つけっぱなしの普段使いのleave-in製品（水で洗わないもの）よりも厳しい浸透状態で試験し、安全性を確認したのです。**

被験者は18歳以上の男女20名。塗布24時間後に専門の皮膚科医の判定によって、紅斑や浮腫の度合いを－（0＝反応なし）、±（0・5＝わずかな紅斑）、＋（1・0＝

明らかな紅斑）、＋＋（2・0＝紅斑＋浮腫・丘疹）、＋＋＋（3・0＝紅斑＋浮腫・丘疹＋小水疱）、＋＋＋＋（4・0＝大水疱）の6段階に分類し、それをスコア化（評点）しました。

すると、**ラウレス-3酢酸アミノ酸を使用したシャンプーは皮膚刺激指数7・5という、非常に低い数値を示した**のです（146ページ参照）。

化粧品の皮膚刺激指数は、1985（昭和60）年度の分類では15・0以下のものが安全品とされていましたが、1995（平成7）年度以降は5・0～15・0が許容品、5・0以下が安全品と評

価が厳しくなっています。

つまり、ラウレス-3酢酸アミノ酸を使った製品は、厳しくなった新基準も楽にクリアしていることがはっきりしました。

この試験の結果、**低刺激洗浄剤（特許成分）配合のお酢系シャンプーは皮膚への刺激が極めて低く、皮膚に影響がほとんどないということが実証されたわけです。**

これに対して一般的なシャンプーは、硫酸系洗浄剤の刺激が強すぎてパッチテストすることなど考えられません。繰り返しますが、洗い流すものはほとんどパッチテストが行われていないのです。人体への安全性がまったく担保されていない商品といえます。

もちろん、この結果だけですべての方に対して安全性を確証できたことにはなりません。それでも私が積み重ねてきた徹底的に安全性を探求する姿勢が、実際の皮膚刺激試験でもしっかりと結果に表れたといえるでしょう。

敏感肌用人工皮膚モデルでさらなる低刺激を実証

ここまでお話しした私が開発したお酢系洗浄剤「ラウレス-3酢酸アミノ酸」の4つの効果は、2008年の開発当時のデータに基づいたものです。

「低刺激性洗浄剤であり、髪や頭皮に負担を与えない」についてのデータはまだまだ満足できるものではありませんでした。なぜなら、**「低刺激性洗浄剤」として特許を取得しているのですから、敏感肌で悩んでいる人やアトピー性皮膚炎で悩んでいる肌の弱い人にこそ使ってほしい**からです。

24時間閉塞ヒトパッチテストを行って安全性は証明されたといっても、それは健康な肌の人が使用してのものです。

ここまで読まれて、気づいた方もいるかもしれませんが、158ページの「髪や頭皮に刺激を与えない」ことを証明する試験として行った「皮膚刺激試験」と「タンパク変性試験」で、刺激データを得る比較検体として、「皮膚刺激試験」(細胞毒性率)

は「ラウリル硫酸ナトリウム」を、「タンパク変性試験」は「ラウレス硫酸ナトリウム」を使用していることに、疑問をもった方もいらっしゃるのではないでしょうか。

開発当初の２００８年に使用した人工細胞は、正式には「LabCyte EPIモデル13日培養モデル」という、健康肌を想定したものなのです。余談になりますが、動物実験を行うとき、刺激を証明したいときには弱った動物を使い、刺激がないことを証明したいときには若くて健康な動物を使うという操作が行われがちなのです。これでは、正しいデータが得られるかは疑問が残ります。

話を戻すと、その健康な肌を想定した人工細胞では、「ラウリル硫酸ナトリウム」の刺激は証明できても、その刺激を弱めた「ラウレス硫酸ナトリウム」の刺激は証明できなかったのです。これが多くの市販メーカーが「ラウレス硫酸ナトリウム」は安全だという根拠となって使い続けられているのです。

再三繰り返しているように、界面活性剤の親水基に硫酸を使用している以上皮膚刺激はあります。

と同時に、私たちは特許成分の「ラウレス-3酢酸アミノ酸」がアレルギー肌などの敏感肌でも刺激がないことを証明したかったのです。

そこで、皮膚刺激試験に使われる人工細胞を敏感肌タイプに変えることに挑戦しました。13日培養すると健康な皮膚となるわけですから、培養日数を1日ずつ減らしていきました。そしてついに「6日培養モデル」の開発に成功しました。出来上がった人工細胞は細胞自体が未熟であり、角質層は薄く、セラミド含有量は低く、水分蒸散量は高い、まさに敏感肌そのものです。

そして得られた皮膚刺激性試験の結果は、私の想像どおりでした。

「ラウレス-3酢酸アミノ酸（リシン）」は、3％濃度のときの細胞生存率は92・9％、少し濃度を上げた5％濃度でも細胞生存率は82・0％という高い数値を示しました。

一方、「ラウレス硫酸ナトリウム」は、3％濃度のときの細胞生存率は51・4％、5％濃度では45・0％にまで下がりました。これで、**これまではどうしても証明できなかった「ラウレス硫酸ナトリウム」の刺激を証明することができたのです。**同時に、これで**「ラウレス-3酢酸アミノ酸（リシン）」は、健康肌はもちろん、敏感肌でも刺激がなく安心して使うことができることが証明されました。**

そして、最も驚いたのは、シャンプー業界でこれまでシャンプーの界面活性剤としていちばんやさしいといわれているアミノ酸系の「ラウロイルグルタミン酸ナトリウム」の細胞生存率でした。３％濃度のときの細胞生存率は43・９％、５％濃度になるとわずか19・１％という驚きの低さを示したのです。これは、ラウレス硫酸よりもはるかに刺激があることを意味します。

同時に、アミノ酸系のシャンプーを使用した方が、使用後にかゆみを覚えたり、アレルギー反応を引き起こすこともわかりました。

LabCyte EPIモデル24 6Dによる皮膚刺激性試験

適用検体	細胞生存率（%）		
	検体濃度		
	1%	3%	5%
1 ラウレス-3酢酸リシン	103.5 ± 9.2	92.9 ± 2.4	82.0 ± 1.2
2 ラウレス硫酸ナトリウム	78.5 ± 3.7	51.4 ± 5.5	45.0 ± 4.5
3 ラウロイルグルタミン酸ナトリウム	88.0 ± 7.3	43.9 ± 7.0	19.1 ± 5.8

※検体暴露時間30分

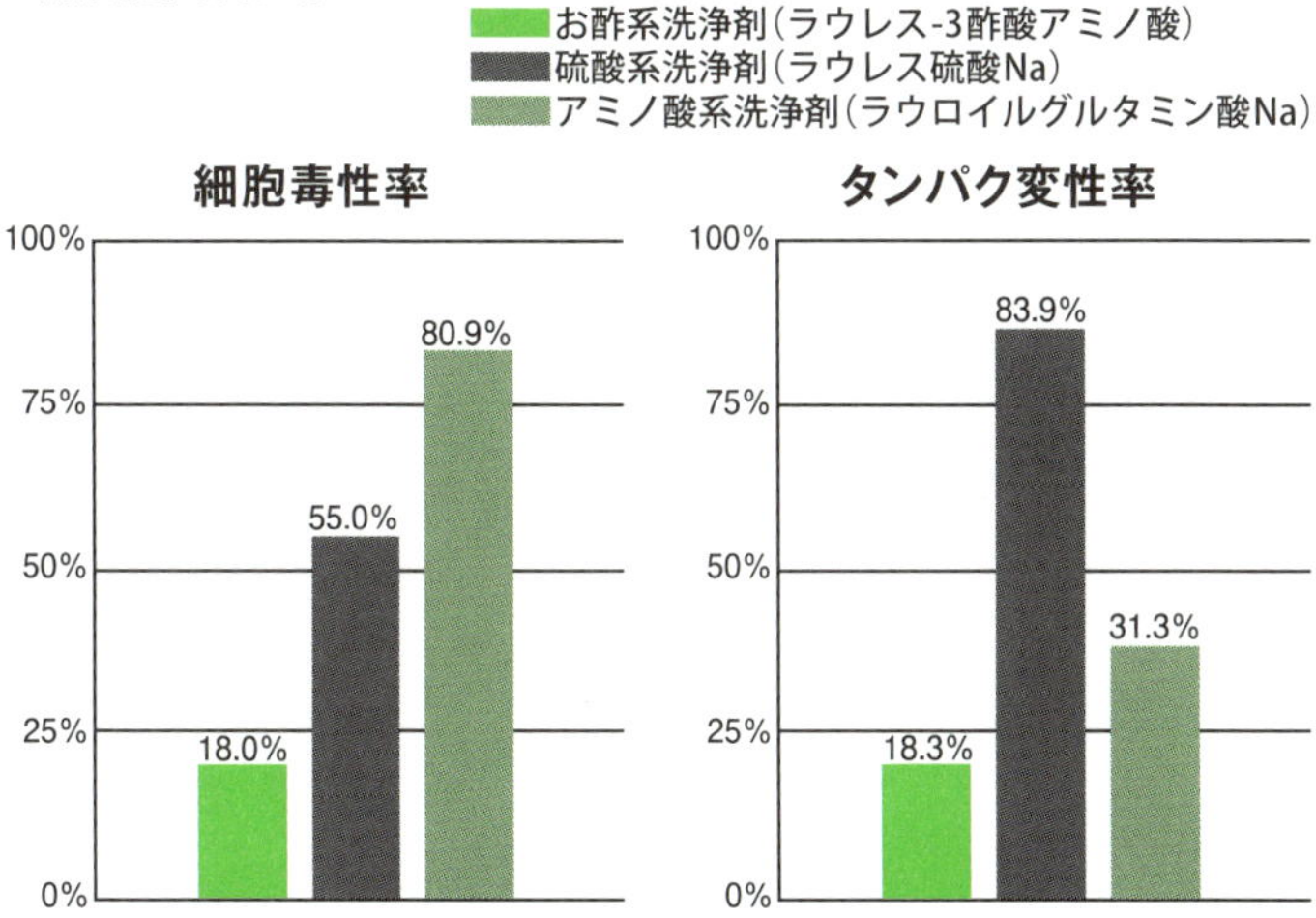

ヒト3次元培養表皮モデル（LabCyte-EPI〈early〉モデルに5%水溶液に希釈した各洗浄剤を30分暴露後に、MTT試薬で染色。染色細胞をプロパノールで抽出後、吸光度測定により細胞毒性率を算出。

5%水溶液に希釈した各洗浄剤と0.05%ヘモグロビン緩衝液（pH6.86）を1:1の重量比で混合し、60分後に変性しなかったタンパク質を、吸光度測定で定量したタンパク変性率。

ラウレス-3酢酸アミノ酸は敏感肌でも使用できるほどの低刺激であることが明らかとなった

	アミノ酸系シャンプー		お酢系シャンプー
	グルタミン酸系	タウリン系	
	 ×	 ×	 ◎
	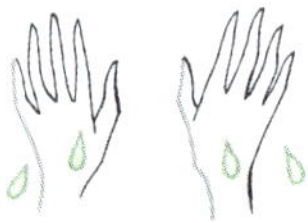 ×	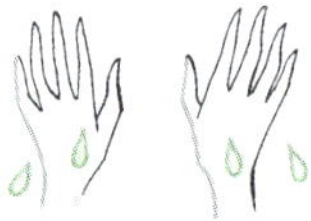 ×	 ◎
	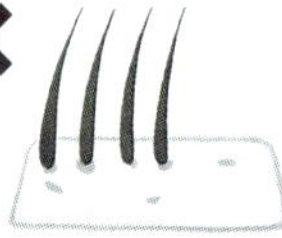 × × 人体を構成するアミノ酸をベースとしているため、頭皮に吸着しやすく、かゆくなることがある。また、髪にも吸着し、タンパク変性を起こす。	 ◎ ◎ 髪、頭皮への刺激がないため、ベビーシャンプーにも使用することができる。	 ◎ ◎ 髪・頭皮への刺激がない。石けんと類似した成分だが、〝石けんカス〟が発生せず、髪の摩擦も起こさせない。
	 ×	 ◎	 ◎
	ラウロイルグルタミン酸ナトリウム（トリエタノールアミン）	アシルメチルタウリンナトリウム	ラウレス-3酢酸アミノ酸（リシン・ヒスチジン・アルギニン）

シャンプーの洗浄剤の特徴比較表

	硫酸・スルホン酸系シャンプー	石けん系シャンプー
泡立ち	 ◎	 ◎
洗浄力	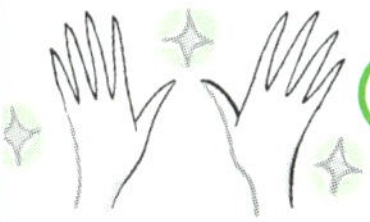 ◎	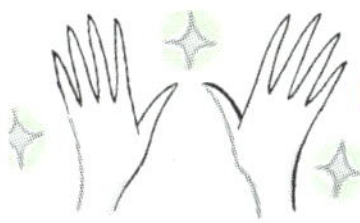 ◎
髪・頭皮へのやさしさ	 ×　× 髪・頭皮への刺激が非常に強いため、皮膚細胞を破壊し、髪のタンパク変性や角層を破壊し、アレルゲンを皮膚に引き入れトラブルを引き起こす。	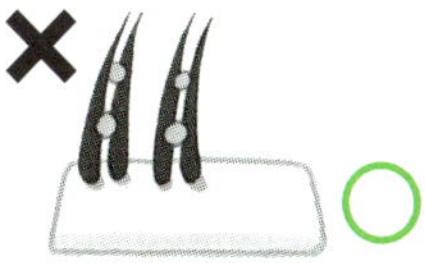 ×　○ 頭皮には刺激はないが、髪をすすいだとき、石けん成分が水に含まれるカルシウムやマグネシウムと反応してできる〝石けんカス〟によって、ガサツキやカラーの色ムラが生まれる。
カラーの色持ち	 ×	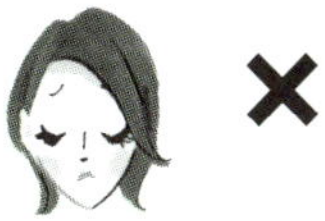 ×
代表的な成分例	ラウレス-3硫酸ナトリウム オレフィン（C12-16）スルホン酸ナトリウム	脂肪酸ナトリウム 脂肪酸カリウム

お酢系洗浄剤の低刺激を世界に向け発信

硫酸系洗浄剤の刺激が高いことはある程度予想していたのですが、アミノ酸系洗浄剤の刺激がそれ以上だったことに、私も大いに驚かされました。「アミノ酸＝やさしい」という間違ったイメージだけが、世間を一人歩きしているということになります。

そして、私が開発した「ラウレス-3酢酸アミノ酸」の安全性、同時にラウレス硫酸ナトリウムの危険性を世界に向けて発信するため、２０１６年、この研究成果を、アメリカ油化学会が発行する『Journal of Surfactants and Detergents』(DOI 10.1007/s11743-015-1771-x)（界面活性剤および洗浄剤に関する専門学術誌）に、英語の原著論文の形式で投稿しました。するとその内容は高く評価され、瞬く間に掲載されることとなりました。

『Journal of Surfactants and Detergents』は、１００年以上の歴史をもつアメリカ油化学会が年６回発行する権威ある専門学術誌です。界面活性剤や洗浄剤の研究者、化粧品を含めた油化学企業の基礎研究者などが購読しています。会員数は世界90カ国以上に４３００名。ここに掲載される論文は、世界中の研究者たちに大きな影響を与えることになります。

この論文掲載が私たちに大きな自信を与えてくれました。

硫酸系・アミノ酸系洗浄剤の刺激性がこれほど高いことを、消費者が知らないことは当然です。しかし、研究者も今まで十分に認識していなかったわけで、この研究結果が多くの研究者たちの気づきのきっかけとなったことと思います。

私にとっても、安全性の高い洗浄剤の開発に、より一層の努力が必要であると決意させる機会となりました。

巻末に、論文「ラウレス-3酢酸アミノ酸の低刺激性」の和訳を掲載しましたので、ぜひ参考にしてください（２２１ページ参照）。

研究者としての使命と私の考える真のアンチエイジング

現在、お酢系洗浄剤に特許がある以上、市場ではその刺激性は認識しつつも、これからも硫酸系シャンプーが売り続けられるでしょう。そして、そこに独自の美容成分を配合して、低刺激とアピールするでしょう。私は、２０１６年の学術論文のみならず、今後もさらなる研究を重ね、お酢系洗浄剤が低刺激であることの証明を行い、さまざまな形で広く発表し、成果を報告していくつもりです。そして、多くの方々に使用してもらい、すべての人の健康に貢献できるように努めていくことが、研究者としての使命であると考えています。

今、化粧品業界は「アンチエイジング化粧品」の市場が活況です。

年を重ねると、肌も髪も加齢（エイジング）するのは自然なことです。しかし、そのエイジングスピードをゆっくりにしたい、できればシミもシワもつくりたくない、いつまでも若い肌でいたい、ツヤやかな髪でいたいと思うのも当然なことでしょう。アンチエイジング化粧品は、その衰えを少しでも遅らせよう、隠そうとする化粧品といえます。

シミができてしまった肌に使う美白コスメ、シワができてしまった肌に使う抗シワコスメなどがその代表。くすんだ肌を白く見せ、刻まれたシワを隠すために、さまざまな成分を配合した機能性化粧品が次から次へと誕生しています。

しかし、それは本当にアンチエイジングな化粧品といえるのでしょうか。

私は、最も効果の高い、真のアンチエイジングは別にあると考えています。

それは、そもそも**健康で美しいはずの肌に余計な刺激を与えず、細胞をできるだけ殺さないこと**と考えます。

現代人は清潔を求めてきたがために、刺激の強い洗浄剤を多く使いすぎてきました。その結果、肌のバリア機能を失い、シミ・シワはもとより、アレルギーなども多く発症するようになっています。シミ・シワを化粧品で隠すことが根本的な解決になるはずもなく、これが真のアンチエイジングにつながらないことは明白です。

真のアンチエイジングコスメとは、肌に刺激を与えないことです。まさにお酢系洗浄剤を使ったシャンプー・トリートメントで髪を洗い、整え、細胞を殺さないことだと私は考えます。

「シャンプー・トリートメントがアンチエイジングコスメ？」と思われた方もいるかもしれません。でも、お酢系のシャンプーは細胞を殺すことなく、バリア機能を低下させることもなく、アレルギーを引き起こすこともないことは実証済みです。

そしてお酢系のシャンプーと刺激のないトリートメントを長年使い続けてこられた方たちは、「同級生と比べると若く見られる」と口をそろえます。

アンチエイジング化粧品が、「いつまでも若々しくありたい」という多くの人の願いを叶える化粧品であるならば、それはまず、健康な肌をいつまでも維持する化粧品であるべきです。

私は研究者の一人として、これからも多くの人の願いを叶えるべく、研究を続けていこうと考えています。

第5章

すべての「洗う」刺激を遠ざけて美肌を目指す

殺菌効果が高いリンス・トリートメント

ここまでは、私が提唱している「硫酸系シャンプー・アミノ酸系シャンプーからお酢系シャンプーに替えれば本物の美肌が生まれる」理由を、お酢系シャンプーの肌への安全性と比較しながら、細かに解説してきました。

ここでは、市場に出回るシャンプー以外の〝洗う〟アイテムにも多くの問題があることを知っていただくと同時に、洗うものに徹底してこだわる私が、その改善法としてシャンプー同様、試行錯誤しながら開発した独創的なアイデアと技術を紹介します。

まずは、シャンプー後に使うリンス・トリートメントの危険性からお話ししましょう。

髪にツヤやうるおいを与え、髪の毛をしなやかに、クシ通りのよい状態に整えてくれるのが、リンスやトリートメントの働きです。

そんな効果からも、マイルドな印象が強い毛髪保護製品ですが、これらにもシャンプーに負けない肌や頭皮の刺激となる成分が配合されています。それが、カチオン（陽イオン系）界面活性剤（99ページ参照）です。カチオン界面活性剤は、親水基に陽イオン（プラスイオン）をもち、親油基に天然油脂をもっています。

このプラスイオンが、シャンプー後にマイナスに帯電した髪の毛に吸着して、髪にしっとり感やさらさら感などの風合いを与え、静電気の発生を防ぎ、なめらかな指通りにしてくれるのです。

その一方で、殺菌力が強く、殺菌消毒剤として使用されています。シャンプーに配合されているアニオン界面活性剤よりも殺菌効果が高く、ヨーロッパでは目的・用途ごとに配合上限が定められているほどです。

リンスやトリートメントは、「髪の根元や肌にはつけないように」「しっかり洗い流そう」といわれてきました。その理由は、毛髪のみに選択的につけば問題ないのですが、頭皮にも付着し、頭皮や肌があれてしまうからです。**カチオン界面活性剤のイオン的吸着は非常に強く残留しやすいため、頭皮や首筋、背中に吸着してタンパク変性**

を起こし、かゆみや肌あれの原因になります。

刺激を軽減するために、単純にカチオン界面活性剤を配合しないという方法もありますが、それでは本来の毛髪保護機能を果たすことができません。

そこで私は、髪の柔軟効果や保護機能は一切妥協せずに、カチオン界面活性剤の刺激を両性界面活性剤（プラスとマイナスの両方をもった成分／１００ページ参照）で〝中和〟して、殺菌消毒効果をなくし、コンディショニング効果だけを残すことに成功しました。

研究者の間では、「カチオン界面活性剤に泡の出る両性界面活性剤を加えると、物質の安定性が悪くなり、均一にはならないので分離する」とか、「クリームのツヤがなくなり、分離を起こして商品にならないので絶対混ぜてはいけない」などといわれてきました。

しかし、カチオン界面活性剤であるベヘントリモニウムクロリド、ステアルトリモニウムクロリドに、**両性界面活性剤のラウラミドプロピルベタインを混ぜると安定性**

カチオン界面活性剤のイオン的吸着

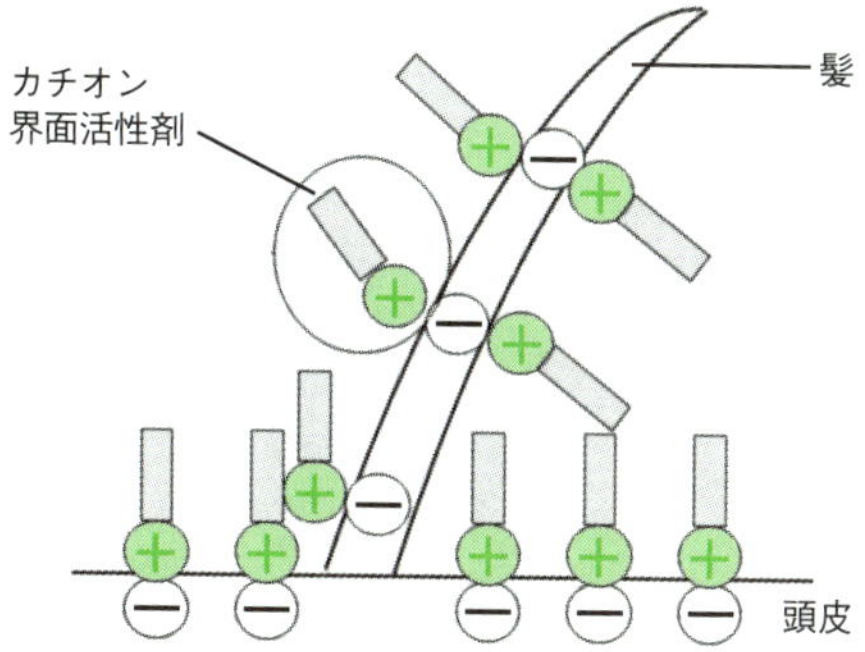

カチオン界面活性剤のプラスイオンは、タンパク変性を起こし「かゆみ」や「肌あれ」の原因になる場合がある。

カチオン界面活性剤の刺激緩和

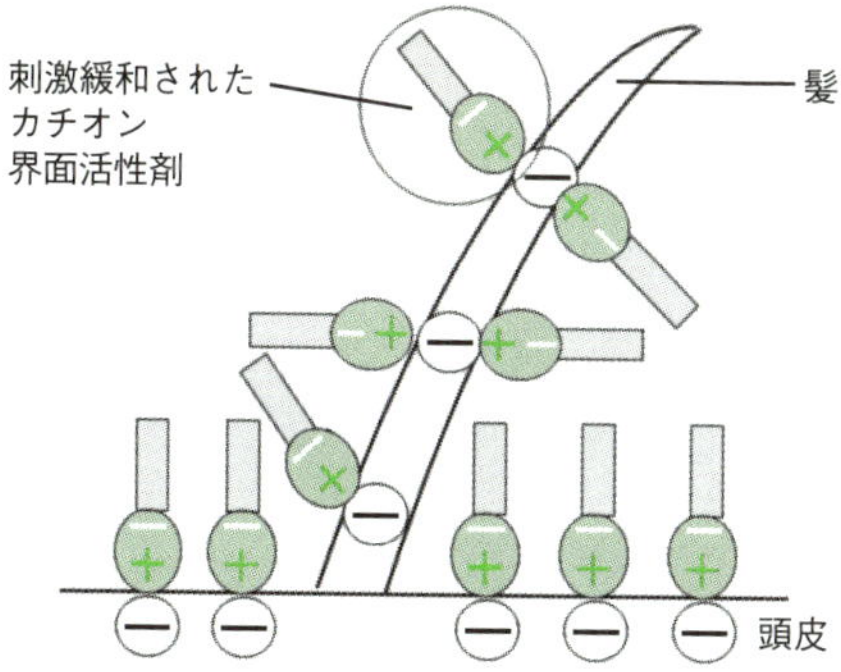

上記のようにイオン的中和を行うことにより、カチオン界面活性剤の刺激が緩和される。

がよくなり、均一になってツヤが出て、カチオンの刺激までなくなりました。

従来のタブーを、イオン的中和によってクリアしたというわけです。

そして、このトリートメントもお酢系シャンプーと同様に第3者機関による「24時間閉塞ヒトパッチテスト」を実施しました。一般的に、洗い流すトリートメントもカチオンの刺激があるためにパッチテストが実施されることはありません。

結果は、「皮膚刺激指数2・5」という、「安全品」であることが実証されました（147ページ参照）。

この結果によって、〝洗い流さなくてもいいトリートメント〟が可能になりました。

化粧品のなかで最も皮膚刺激が強いクレンジング

現在市販されているクレンジング剤は、水系クレンジングか、オイル系クレンジングが大半です。

水系クレンジングは、水がベースの中に、親水基と親油基のバランスがとれている非常に強い界面活性剤を使用してメイクを落とします。台所用洗剤や換気扇クリーナーと同じように汚れを引きはがす機構のため、皮膚に負担がかかります。

一方、オイル系クレンジングは、親油基が親水基より非常に大きい界面活性剤を使用し、汚れを溶かして落とします。簡単にメイクオフできますが、肌に過剰な油分が残り、ニキビや吹き出ものの原因になります。

水系クレンジングは肌のバリア機能を極端に低下させる危険性があり、オイル系クレンジングは汚れと分散した油が一緒に毛穴に浸透し、肌のくすみの原因になると考えています。

形状に関係なく、クレンジング料はそれ自体が洗浄成分（界面活性剤）でできているため、肌にのせるだけで汚れとなじむように設計されています。ですから、メイクと汚れが混じった油をいつまでも肌の上でなじませることは、肌に浸透して皮膚刺激になります。また、きれいに洗い流すことができなければ、洗浄成分そのものが肌に残り皮膚刺激になってしまうのです。

クレンジングが化粧品のなかで最も刺激が強いといわれるゆえんです。ましてや敏感肌への負担は想像以上です。

せっかく低刺激のお酢系のシャンプーを使っているのに、刺激の強いクレンジング料を使っていては、シャンプーの効果を実感することもできないでしょう。


私はその強い刺激を「液晶クレンジング」にすることで解決しました。

液晶クレンジングは、親水基が親油基より非常に大きい界面活性剤を使用し、汚れに吸着して浮き上がらせるように取り去る設計です。水の力を借りて汚れを包み込んで浮き上がらせるため、肌に負担をかけません。

界面活性剤自体の界面活性力が弱いため、24時間洗い流さなくても刺激になりません。肌に負担をかけずに、汚れを毛穴に詰まらせることもなく、メイクを素早く包み込んで落とすことができます。

このため肌がくすまず、吹き出ものもできにくいことが特徴です。

各種クレンジングの特徴

	水系クレンジング	オイル系クレンジング	液晶クレンジング
形状	ジェル状	液状	ジェル状
成分表示による見分け方	いちばん最初に「水」がある	いちばん最初に「オイル名」があり、最後のほうに「水」がある（ないものがある）	いちばん最初に「オイル名」があり、4番目に「水」がある
界面活性剤	親油基、親水基ともにバランスがよく、水にも油にもよくなじむ 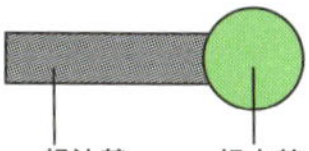 	親油基が大きく、水になじみにくい  	親水基が非常に大きく、油になじみにくい 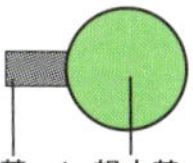

液晶クレンジングのメイクを落とすしくみ

顔にのせる

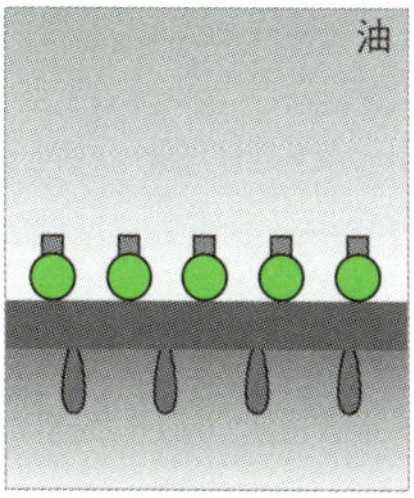

洗浄力が弱いため、顔にのせただけでは油性メイクと混ざらない。

お湯で乳化する

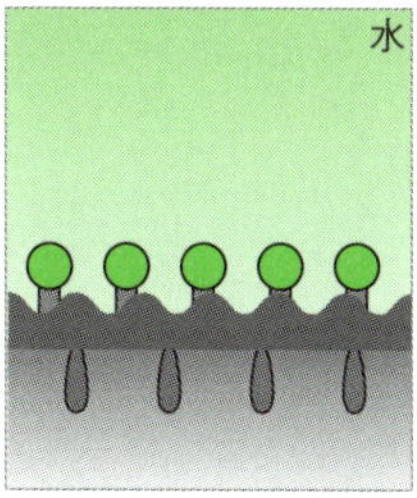

水がきてはじめて親油基が肌に触れ洗浄力を発揮する。これを転相という。

汚れを浮かし取る

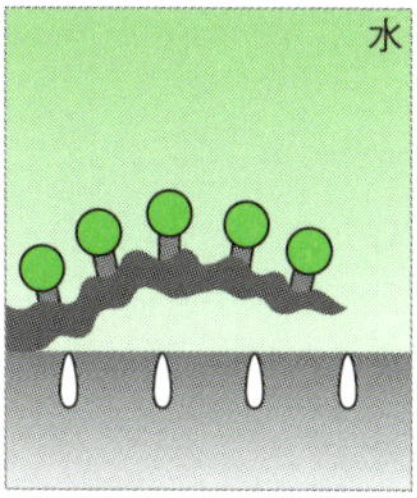

親油基が小さいため、肌から汚れを徐々に引っ張って浮かせてはぎとる。

皮脂を取りすぎる洗顔フォーム

洗顔フォームもまた、「洗う」最重要アイテムです。

通常、石けんベースの洗顔フォームは、石けんとなる無脂肪酸を完全に中和して完成となります。しかし、これでは**洗浄成分の過剰な脱脂力や製造過程で油脂と反応せずに残ってしまう強アルカリ（遊離アルカリ）の刺激などの問題が発生し、ツッパリ感やヒリヒリ感につながる**可能性を秘めています。

つまり、一般的な石けんベースの洗顔フォームは、皮脂を取りすぎることが大きな問題といえます。皮脂を取りすぎることによって、肌のバリア機能は低下します。こうなると肌がカサカサになってしまうのはもちろんのこと、外部刺激が皮膚を通過して体内に侵入しやすくなり、さまざまな不調につながる危険性ももっています。

この問題に対して私は、アルカリ剤を最小限に抑えること、さらには石けんの中に油分を注入することで、肌への負担を軽減し、低刺激な洗顔フォームを目指しました。

まずは**脂肪酸の中和を8割程度に抑えて、過剰な油分を刺激緩和剤としてクリームの中に閉じ込める**ことに成功。さらに石けん成分の中に、保湿剤として脂肪酸、オリーブ油、スクワランなどの油分を配合すると、どんな肌質の人も、肌が吸い付くようなしっとりとした洗いあがりを実感することができます。

このように皮脂対策を万全にしても、皮脂の分泌は年齢とともに低下しますし、季節によっても変わります。

温度の高いお湯で洗うと皮脂を取りすぎてしまうため、体温以下の32～34℃ほどのぬるま湯で使えるように、常温で液体であるオレイン酸を配合することが重要です。

また、配合したセラミドポリマー（※1）の弾力あるクリーミーな泡が、肌と接触しないように汚れをやさしく包んで落とします。さらに、レシチンポリマー（※2）を配合し、皮脂をとりすぎることもなく、しっとりなめらかな洗い上がりを実感することができる処方を考案しました。

※1　肌のバリア機能を構築するセラミドを高分子化した保湿成分。髪や肌をやさしく包み込む柔軟性の高い膜（セラミドネットワーク）を形成する機能性成分。

※2　ヒアルロン酸の2倍の保湿力をもち、水洗いしても失われない保湿成分。吸保湿性に優れ皮膚に柔軟性と弾力性を与える。

中和されずに残ったアルカリが肌刺激になる石けん

第３章でも触れましたが、この世に石けんが登場したのは紀元前３０００年代のことです。これほど長い歴史をもつ界面活性剤は、石けんをおいてほかにありません。石けんが洗浄化粧品のなかで人々に長く愛され続けるのは、なによりその安全性によるものだと考えられます。使用して人体への刺激が強いものであれば、これほど長く使い続けられることはあり得ません。

ところが、その安全性が確立されているはずの石けんが、近年の大量製造の事情によって危険なものに変質するという問題が発生しています。これは、機械を使って短時間で強制的に乾燥させた石けんには遊離アルカリが過剰に残ってしまい、それが肌刺激となってしまうという問題です。

苛性ソーダ（水酸化ナトリウム）は、石けんづくりに欠かせない薬品ですが、劇薬指定されている危険な薬品です。石けんは、この苛性ソーダと油脂を反応（ケン化）させてつくります。このとき、油脂と反応せず、そのままの状態で石けんに残留する物質が遊離アルカリです。劇薬の残留物ですから、肌あれなどの問題が生じる危険性をもっています。

本来は未反応のアルカリ分、不純物などはていねいにとり除かれ、乾燥・熟成されなければなりません。こうして完成した石けんには、苛性ソーダが残留することはほとんどありません。ところがこの**乾燥・熟成を機械で強制的に行うと、遊離アルカリが過剰に残留することがある**のです。これが問題となっています。

そこで私は、**昔ながらの製造法にこだわって、枠練り法を推奨しています。**これは、石けんの素地を大きな枠の中に流し込み、冷やし固めるだけのシンプルな製造法です。十分に冷えて固まったら、製品の大きさに切断して長時間かけて自然乾燥させます。

この仕上げ段階の自然乾燥に2カ月以上という長い時間をかけ、遊離アルカリを徹底的に抑えるほうが遊離アルカリ量を格段に少なくすることができます。

全身を乾燥肌にするボディシャンプー

1年を通して肌の乾燥に悩まされる人が増えています。特に冬場は顔ばかりか、スネやカカト、腰などをかきむしったり、粉が吹いたようにカサカサになると訴える人が急増します。多くの人は、湿度が低いせいだと思い込んでいますが、私は「硫酸系洗浄剤のボディシャンプーを使っているから」と言い続けています。

シャンプーと同じようにボディシャンプーは洗い流すものだから何でもいいというのは大きな間違い。洗い流すものこそ肌にやさしいものを選ぶ必要があります。長年使い続けてきた刺激の強い洗浄剤が、肌のバリア機能を低下させているのです。それが肌内のセラミドを流出させて乾燥肌にさせ、アレルゲンを肌内に入れてアレルギー肌にさせるなど、すべての肌トラブルを引き起こしています。特に冬場は、外気温の低下による血行不良と湿度の低下が、乾燥肌にさらなる追い打ちをかけるというわけです。

市販の多くのボディシャンプーには、硫酸系洗浄剤が使われています。ボディケアは、ひと昔前は固形石けんが主流だったため、肌に大きな刺激を与える危険性は小さかったでしょう。ただ、**最近増えた液体のボディシャンプーの多くには、ラウリル硫酸やラウレス硫酸などの硫酸系洗浄剤が使われています。この硫酸は洗い流しても肌に付着したまま残り、タンパク質を変性させたり、細胞を死滅させたりしているのです。**

肌のバリア機能が低下し、保湿力が弱った肌は、乾燥することはもちろん、外からの刺激に敏感に反応します。肌の乾燥が進むと同時に、ターンオーバー（表皮の新陳代謝）のリズムも乱れます。

お酢系洗浄剤のシャンプー同様、ボディシャンプーもお酢系洗浄剤のものがおすすめです。私は、このお酢系洗浄剤を使い、石けんを併用して洗い上がりが〝さっぱり〟となるような全身用途向けのボディシャンプーも開発しました。

主洗浄剤はお肌にやさしいお酢系洗浄剤、さっぱりした使用感にするため石けん成分も配合しました。汚れはきちんと落としながらも、必要な皮脂は奪わず、さっぱり&しっとり洗い上げてくれるボディシャンプーです。もちろん顔も洗えます。

デリケートな肌の方、乾燥が気になる方、加齢肌でお悩みの方、赤ちゃんからお年寄りまで、どのような方の肌も健康な肌へと導きます。

ボディシャンプーと水を1：1に希釈して泡ネットで泡を作り洗顔用として、1：2に希釈して泡ポンプを使用してハンドソープとして使うこともできます。

硫酸系洗浄剤が使われている歯みがき剤

シャンプーは1日1回ですが、1日3回使うことも多い歯みがき剤。それも口に入れるものです。当然安全だと思って使われている方がほとんどでしょう。

しかし、ここまで、口を酸っぱくして言い続けてきたのが「硫酸系の合成界面活性性剤」は危険であるということです。歯みがき剤の外箱に、成分表が載っていますから、一度ながめてみてください。研磨剤、湿潤剤、発泡剤、粘結剤、香味剤（香料）、薬用成分、保存料が配合されています。

その中の**発泡剤として使われているのが、ラウリル硫酸ナトリウム**です。

歯みがき直後にものを食べると、味がおかしいと感じることがあります。これは、合成界面活性剤が味蕾《みらい》という舌の味を感じる細胞に作用して変性させているからです。

また、**合成界面活性剤の刺激を長く使い続けることで、口腔内の細胞が死滅して唾液が減りドライマウスや感染症にかかりやすくなる**ともいわれています。

意外と知られていないのが、唾液が口の中で素晴らしい働きをしていることです。唾液は口臭を予防するだけでなく、細菌の働きを抑えて虫歯や歯周病を予防、味を感じやすくしたり飲み込みやすくしたりと、大活躍しているのです。

昔の人は歯を磨いていないのに歯は抜けていません。歯周病になって歯が抜けて入れ歯になるのもラウリル硫酸の仕業といえます。口内や歯ぐきの細胞を殺すのですから歯周病になりやすく、歯周病を悪化させ、歯が抜け落ちることになります。

私が考える歯みがき剤には、発泡剤としての洗浄成分に硫酸系洗浄剤を使用せずに、細胞にダメージを与えることがないお酢系の「ラウレス-3酢酸アミノ酸」を使用します。また、防腐剤も使わなければ、お子様でも安心してご使用いただけるでしょう。

とはいえ、歯みがき剤は、ムシ歯を予防する、口臭を防止する、歯を白くする、という機能も持ち合わせていなければ意味がありません。

お酢系洗浄剤を使用した歯みがき剤は、味蕾や口腔内細胞を傷つけませんから、

味覚障害やドライマウスによる口臭を引き起こすことがありません。唾液を増やす歯みがき剤は、それこそだれにとっても垂涎《すいぜん》の１本といえるでしょう。

主婦湿疹を引き起こす食器洗い洗剤

主婦に限らず、台所用食器洗い洗剤に不満をもっている人は少なからずいるのではないでしょうか。

よく耳にする「主婦湿疹」は、この食器洗い洗剤で手あれをした状態をいいます。肌があれる、硬くなる、プツプツが出る、かゆみが止まらない……。

これも硫酸系の界面活性剤によるタンパク変性が問題なのに、肌が弱いせいだといわんばかりに〝洗剤負け〟などと呼ばれたりします。この硫酸系洗剤を使わなければ元の肌に戻るにもかかわらず、主婦湿疹専用の薬が販売されていたりすることもおかしな話です。皮膚科へ行っても「これは主婦湿疹ですね。ゴム手袋をして食器を洗いなさい」「洗剤が触れないように食洗機を使うのがいいでしょう」といわれ抗生物質（化膿止め）を処方されます。

シャンプーで美容師が手あれするのと同じように、毎日食器洗い洗剤を使う主婦が洗剤で手あれを起こすことは、よほど丈夫な肌の持ち主でない限り、当然のことといえるでしょう。

「食器洗い洗剤」は、まずは手肌にやさしい洗浄成分を厳選しなければいけません。私が考える「食器洗い洗剤」は、洗浄主剤として肌に低刺激の界面活性剤「ラウレス-3酢酸アミノ酸」を使用します。そうすれば、手指のアンチエイジングまでも可能にしてくれます。

衣類を洗う洗濯洗剤と柔軟剤の問題は？

ここまで家庭で使ういろいろな〝洗うもの〟の刺激をみてきました。肌を直接洗うものではありませんが、肌に直接触れる衣類を洗う洗濯洗剤についても知っておいてほしいことがあります。

家庭で使う洗濯洗剤には、いろいろな成分が配合されています。衣類の汚れを落とす成分、発色をよくする成分、柔らかくする成分、乾燥を早める成分、いい香りを付ける成分などなど、実にさまざまです。

直接身につける衣類を洗うのですから、人体に危険を及ぼす成分が入っているのは問題です。一般的な洗濯洗剤に配合されている成分について検証してみましょう。

現在、家庭用洗濯洗剤は「無リン」洗剤が主流ですが、かつては洗浄助剤（洗浄を助ける効果）として多くの洗剤にリン酸塩が配合されていました。リンは人体に危険な成分なのでしょうか。

リンは、１９７０年代後半に頻出した赤潮の原因とされるなど、深刻な環境汚染を引き起こす成分として問題視され、洗剤メーカーは無リン洗剤を発売するようになりました。

洗濯洗剤に配合されるリンは、洗浄助剤だけでなく、洗濯してはがれた汚れが再び衣類に付着しないようにする、再汚染防止の役割を果たします。無リン洗剤では、リンの代わりに「ゼオライト」がこの役割を担っています。**ゼオライトとは「アルミノケイ酸塩」（ケイ酸塩のケイ素をアルミニウムに置き換えた化合物）のこと。実はこのアルミニウムは、アルツハイマーの発症にかかわるという報告もあり、決して安全な化合物とはいえない**のです。

下水道普及率が低かったため、リンが直接河川や湖に流れ込んだ時代から、いまは下水道の普及率が80％になったことを受け、ゼオライトを使わずリンが配合された洗剤を再発売してもよいのではと考えています。いま洗剤に含まれるリンが環境問題を引き起こすことは考えにくい状況です。家庭菜園などで使う肥料には盛んにリンが使われているのですから、洗濯洗剤だけを「無リンに」というのは明らかに矛盾があります。

人体に危険なゼオライトを使うくらいなら、リンを使うほうがよいのでは、と私は考えています。リンを使用することにより、界面活性剤の配合率を下げることができ、環境にもやさしく二酸化炭素の発生を抑制することができます。

白さを際立てるために配合する「蛍光増白剤」にも、危険性が潜んでいると考えています。

蛍光増白剤は汚れを落とすための洗浄剤ではなく、衣類に白い色をつける、いわば染料です。元々の汚れがしっかり落ちていないのに、その上を白く塗って汚れを隠しているだけというわけです。蛍光増白剤入りの洗剤で洗うと、真っ黒に汚れた靴下が白くなります。1日中靴をはいて靴は汚れていないのに、靴下が黒くなっていることに疑問を感じたことはないでしょうか。それは、白く塗った染料が取れて黒くなったのです。

そのうえ、蛍光増白剤自身発がん性物質で直接手や肌に触れるととても危険です。

脱脂綿やガーゼなど、医療用品には蛍光増白剤の使用が禁止されています。

このような危険性が指摘されているものを下着や肌着など、直接身につけるものに使用してもよいのかどうか、首をかしげざるを得ません。

また、機能性の観点から、「酵素入り」洗濯洗剤にも疑問をもっています。

酵素はタンパク質の一種で、特定の有機物（タンパク質、油脂、でんぷん）を分解する働きがあります。このため洗濯洗剤に配合され、「酵素の力で汚れを落とす」などと盛んに宣伝されています。

しかし酵素は、水温が35℃以上ないと機能しません。ヨーロッパは65℃以上の高温、アメリカは35℃以上の中温で洗濯をしています。では、日本の家庭で、35℃以上の水で洗濯をしている家庭はどれくらいあるでしょうか。**ほとんどの家庭は水道水、つまり冷水で洗濯をしているでしょうから、酵素の働きをほとんど活用できていない**ことになります。

その機能を100％活用できないものを前面に押すなら、洗浄効果比較表を消費者に示す努力が必要です。

最後に、洗濯後に使用する衣類の柔軟仕上げ剤はというと、柔軟剤にはカチオン（陽イオン）界面活性剤が配合されています。

第3章でも説明しましたが、カチオン界面活性剤は水に溶かすと解離し、界面活性作用をもつ部分がプラスイオンを示す成分です。柔軟仕上げ剤をはじめ、殺菌剤、リンス、トリートメントなどにも多く使用されています。

しかし、強い殺菌力をもつために、肌あれの原因となる場合があります。このカチオン界面活性剤が配合された柔軟仕上げ剤を衣類に使用したとき、肌に悪影響はないのでしょうか。

結論からいうと、それは心配ありません。

柔軟剤のカチオン界面活性剤の刺激は?

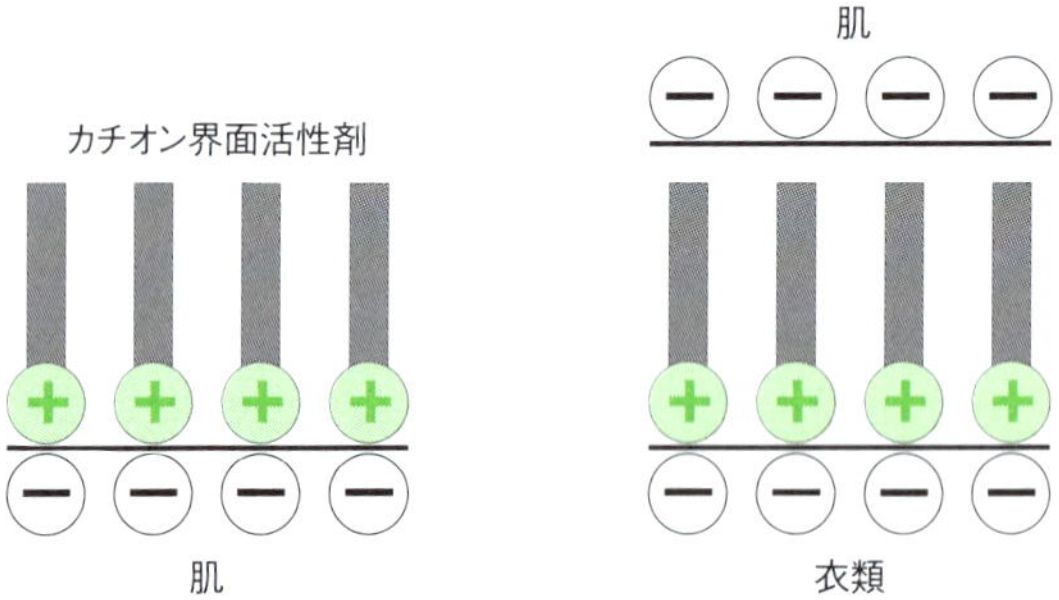

カチオン界面活性剤のプラスイオンが肌に触れて肌あれの原因になるが、柔軟剤のプラスイオンが付着するのは衣類で、肌に触れるのは親油基のため刺激にはならない。

洗浄後の肌はマイナスイオンに帯電していますから、カチオン界面活性剤が配合されたリンスやトリートメントを使用すると、そのプラスイオンが肌に吸着します。この時、肌が刺激され、肌あれの原因となるわけです。

一方、洗濯後の衣類もマイナスイオンに帯電します。そこにカチオン界面活性剤が配合された柔軟仕上げ剤を使用すると、そのプラスイオンは衣類に吸着し、肌に触れる面は油分でコーティングされ、マイナスイオンに帯電していることになります。その衣類を着るときの肌もマイナスイオンに帯電していますから、柔軟剤のプラスイオンが吸着することはありません。そのため人体に刺激はないのです。しかし、吸水性が悪くなり汗を吸わなくなることがあります。

カチオン界面活性剤が配合された柔軟仕上げ剤を使用しても、人体に影響はありませんから安心してお使いください。近年は香りを楽しむフレグランス系のものも発売されています。

6. Kligman AM, Wooding WM (1975) A method for the measurement and evaluation of irritants on human skin. J Invest Dermatol 49:78–94

7. Howes D (1975) The percutaneous absorption of some anionic surfactants. J Soc Cosmet Chem 26:47–64

8. Schulz KH, Rose G (1957) Untersuchungen u¨ber die Reizwirkung von Fettsa¨uren und Alkylsulfaten definierter Kettenla¨nge auf die menshliche Haut. Arch Klin Exp Dermatol 205:254–260

9. Brown VKH, Muir CMC (1970) The toxicities of some coconut alcohol and Dobanol 23 derived surfactants. Tenside 7:137–139

10. Imokawa G, Mishima Y (1979) Cumulative effect of surfactants on coetaneous horny layers: absorption onto human keratin layers in vivo. Contact Dermatitis 5:357–366

11. Sogorb MA, Gonzalez-Gonzalez I, Pamies D, Vilanova E (1994) An alternative study of the skin irritant effect of an homologous series of surfactants. Toxicol In Vitro 8:229–233

12. Kameda M, Miyazawa M, Kawata J, (2009) Liquid cleansing compositions containing polyoxyethylene alkyl carboxymethyl ether amino acid salts with low skin irritation. Jpn Patent 249:537

13. Katoh M, Hata K (2011) Refinement of LabCyte EPI-MODEL24 Skin Irritation Test Method for Adaptation to the Requirements of OECD Test Guideline 439. AATEX 16(3):111–122

14. Katoh M, Hamajima F, Ogasawara T, Hata K (2009) Assessment of human epidermal model LabCyte EPI-MODEL for in vitro skin irritation testing according to European Centre for the Validation of Alternative Methods (ECVAM)-validated protocol. J Toxicol Sci 34:327–334

15. Katoh M, Hamajima F, Ogasawara T, Hata K (2010) Assessment of the human epidermal model LabCyte EPI-MODEL for In vitro skin corrosion testing according to the OECD test guideline 431. J Toxicol Sci 35:411–417

16. Yamaguchi F, Watanabe S, Harada F, Miyake M, Yoshida M, Okano T (2014) In vitro analysis of the effect of alkyl-chain length of anionic surfactants on the skin by using a reconstructed human epidermal model. J Oleo Sci 63:995–1004

17. Hikima T, Kaneda N, Matsuo K, Tojo K (2012) Prediction of percutaneous absorption in human using three-dimensional human cultured epidermis LabCyte EPI-MODEL. Biol Pharm Bull 35:362–368

18. Niwa M, Nagai K, Oike H, Kobori M (2009) Evaluation of the skin irritation using a DNA microarray on a reconstructed human epidermal model. Biol Pharm Bull 32(2):203–208

19. Ikeda H, Nishiura H (2013) Study of in vitro skin irritation test targeted for sensitive skin. Nippon Keshohin Gijutsusha Kaishi 47:9–18

Seito Ito received a B.Sc. in applied chemistry from Kinki University (Kindai University), Japan in 2012 and his M.Sc. in applied chemistry from the Graduate School of Science and Engineering Research of Kinki University (Kindai University), Japan in 2014. He works at More Cosmetics Co., Limited. His research interests include the natural product chemistry and surfactants and detergents.

Jyunichi Kawata received his B.Sc. in applied chemistry from Kinki University (Kindai University), Japan in 2004, and his M.Sc. and Ph.D. in applied chemistry from the Graduate School of Science and Engineering Research of Kinki University (Kindai University), Japan in 2006 and 2009. He works at More Cosmetics Co., Limited. His research interests include natural product chemistry, surfactants and detergents.

Munekazu Kameda received his B.Sc. in applied chemistry from Kinki University (Kindai University), Japan in 1981. He is a President and Chief Executive Officer of More Cosmetics Co., Limited. His research interests include natural product synthesis, surfactants and detergents.

Mitsuo Miyazawa received his B.Sc. in applied chemistry from Kinki University (Kindai University), Japan in 1972, and his M.Sc. and Ph.D. in applied chemistry from the Graduate School of Science and Engineering Research of Kinki University (Kindai University), Japan in 1974 and 1977. He is a professor in Department of Applied Chemistry at Kinki University (Kindai University), and the President of the Japan Oil Chemists' Society. His research interests include natural product chemistry and biochemistry.

Journal of Surfactants and Detergents
DOI 10.1007/s11743-015-1771-x

表1 LabCyte EPI-MODEL24 6Dによる皮膚刺激性試験の細胞生存率

適用検体	細胞生存率（%）検体濃度 1%	3%	5%
1	103.5 ± 9.2	92.9 ± 2.4	82.0 ± 1.2
2	78.5 ± 3.7	51.4 ± 5.5	45.0 ± 4.5
3	88.0 ± 7.3	43.9 ± 7.0	19.1 ± 5.8

データは二重試験により標準偏差を算出した

検体濃度：1 %, 3 %, 5 %

検体曝露時間30分

細胞片は500 mLのイソプロパノールで抽出した

1 ラウレス-3酢酸リシン, **2** ラウレス硫酸ナトリウム, **3** ラウロイルグルタミン酸ナトリウム

結果と考察

LabCyte EPI-MODEL24 6Dによってラウレス酢酸リシンの皮膚刺激性の検討を行った．その結果をラウレス硫酸ナトリウムおよびラウロイルグルタミン酸ナトリウムと比較した．全てのアニオン界面活性剤において，細胞生存率は検体濃度に依存的な値を示した．3.0 %濃度のラウレス-3 酢酸リシンの細胞生存率は他の2検体と比べて高く92.9 %だった．検体濃度3 %において，ラウレス硫酸ナトリウムとラウロイルグルタミン酸ナトリウムの細胞生存率は50 %以下になった．検体濃度5 %においてはそれぞれの細胞生存率に顕著な差が見られた．5 %濃度のラウレス-3 酢酸リシン，ラウレス硫酸ナトリウム及びラウロイルグルタミン酸ナトリウムを暴露した細胞生存率はそれぞれ82.0 %，45.0 %，19.1 %だった．ラウレス-3 酢酸リシンは全ての条件において最も細胞生存率が高かった．アミノ酸系界面活性剤は硫酸系界面活性剤よりも細胞生存率が低かった．3つの検体の中でラウロイルグルタミン酸ナトリウムが最も皮膚刺激性が高い結果となった．

まとめ

本研究において，一般的な洗浄剤の潜在的な皮膚刺激性を確認した．ラウレス硫酸ナトリウムやラウロイルグルタミン酸ナトリウムはこれまでの試験においては，単に“刺激がない”と分類される．しかし，6日培養モデルを用いることで潜在的な皮膚刺激性を評価することができる．この結果からバリア機能が欠損した皮膚に対しての影響が考えられる．つまり，一般的な洗浄剤は全ての人に対して刺激が低いとは言えない．これらの結果から，LCLの低刺激性が示された．この試験が動物試験に代わる敏感肌の皮膚刺激性試験となる可能性が示された．

ラウレス酢酸はこれらの結果が示した皮膚への低い刺激性から，これからの洗浄剤の主流になり得るポテンシャルを持っている．ラウレス酢酸はヒトパッチテストにおいても低刺激性を示すことが期待できる．これからは，より実態に即した検討を行うために，皮膚科医の協力を仰ぎ詳細な研究を行っていく．

これまでに，ラウレス硫酸ナトリウムの刺激性については明らかにされている [5]．ラウレス硫酸ナトリウムは低刺激として広く使用されている．しかし，今回の試験において，強い刺激性があることが示され，パッチテストも行うべきではない．

また，アミノ酸系の洗浄剤についても，今回硫酸系以上の刺激性が確認された．近年，アミノ酸系の洗浄剤は低刺激とうたわれ市場にも多く出回っている．そのため，全般的なアミノ酸系洗浄剤の刺激について確認する必要がある．

参考

1. Farage MA, Maibach HI (2010) Sensitive skin: closing in on a physiological cause. Contact Dermat 62:137–149

2. Pinto P, Rosado C, Parreirao C, Rodrigues LM (2011) Is there any barrier impairment in sensitive skin? A quantitative analysis of sensitive skin by mathematical modeling of transepidermal water loss desorption curves. Skin Res Technol 17:181–185

3. Stander S, Schneider SW, Weishaupt C, Luger TA, Misery L (2009) Putative neuronal mechanisms of sensitive skin. Exp Dermatol 18:417–423

4. Kim EJ, Lee DH, Kim YK, Kim M, Kim JY, Lee MJ, Choi WW, Eun HC, Chung JH (2014) Decreased ATP synthesis and lower pH may lead to abnormal muscle contraction and skin sensitivity in human skin. J Dermatol Sci 76:214–221

5. Mehling A, Kleber M, Hensen H (1975) Comparative studies on the ocular and dermal irritation potential of surfactants. Food Chem Toxicol 49:747–758

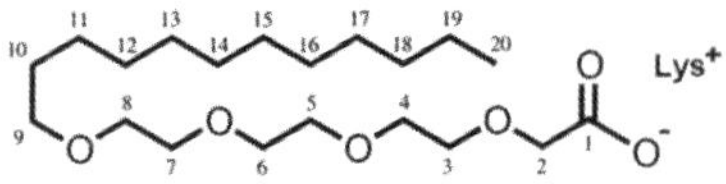

図1 ラウレス-3酢酸リシン（1）の分子構造

ほとんどの皮膚刺激性試験は，モルモットかクローズドヒトパッチテストによって行われてきた．しかし，世界規模での動物実験への社会的批判が高まり，動物試験代替法の研究に関心が向けられている．この一環として，再構築されたヒト表皮モデルを用いた皮膚刺激性の *in vivo* 試験がECVAM(欧州代替試験法検証センター), ICCVAM(動物実験代替法評価調整委員会)および JaCVAM（日本動物実験代替法評価センター)の積極的な貢献により，動物代替法のテストガイドラインとして OECD（経済協力開発機構)に承認された(OECD TG 439).

LabCyte EPI-MODEL 24 はOECDの基準を満たした市販のin vitroヒト表皮モデルで，2013年にTG439に追加され [13－15], LabCyteは様々なin vitroヒト皮膚研究に用いられている [16－18]. 6日培養モデルは，13日培養モデルに比べて，より薄い角質層，低いセラミド含有量，高いTEWL値 (経表皮水分蒸散量)を有している．6日培養モデルを用いることで，化学物資や化粧品の潜在的なレベルの皮膚刺激性の評価できるので，敏感肌用化粧品の安全性評価法になり得る．

我々は，LabCyte EPI-MODEL 6Dを用いてアニオン性界面活性剤の皮膚刺激の検討を行い，比較対象として，パーソナルケアや家庭用洗剤として一般的なラウレス硫酸ナトリウム (Sodium Laureth Sulfate)及び ラウロイルグルタミン酸ナトリウム (Sodium *N*-Lauroyl Glutamate) を用いた．

実験

試薬

対カチオンとして，L-リシン，L-ヒスチジン及びL-アルギニンは皮膚刺激性試験において同等の細胞生存率を示したので，本報告においてはL-リシンのみを対象とした [12]. ラウロイルグルタミン酸ナトリウムは味の素株式会社（東京，日本)，ラウレス硫酸ナトリウムおよびBeaulight LCA 25NH（ラウレス-3酢酸)は三洋化成工業株式会社，L-リシンはシグマ アルドリッチ ジャパン合同会社（東京，日本)から購入した．ラウレス-3 酢酸リシンはモアコスメティックス株式会社で作成した．全ての検体は精製水により 1, 3, 5 %に調整した. MTT (3-(4,5-di-methylthiazol-2-yl)-2,5-diphenyltetrazolium bromide) は株式会社同仁化学研究所（熊本，日本)，イソプロパノールは和光純薬工業株式会社（大阪，日本），LabCyte EPI-MODEL24 6Dは株式会社ジャパン・ティッシュ・エンジニアリング(愛知，日本) から購入した．

皮膚刺激性試験

LabCyteの培養表皮細胞は，あらかじめ37 ℃に温めておいたアッセイ培地 (0.5 mL / well)を加えた24 ウェルプレートに移し、前培養を行った (18 h, 37 ℃, 5 % CO_2). その後，新しく培地を加えたウェルに培養表皮細胞を移し，各検体を 50 μL 添加し、再び培養を行った．ひとつの条件をそれぞれ3回ずつ行った．30分後，細胞はリン酸緩衝液により十分に洗浄した．

MTT 試験

アッセイ培地に溶かしたMTT（0.5 mg / mL）を，あらかじめ 37 ℃ に温めておいた． MTT 培地をそれぞれの検体のウェルに添加し，培養を行った．1 時間後，培養表皮細胞を切り出しイソプロパノール 300 μL に浸け，冷暗所で一晩静置し，抽出液を取り出した．抽出液をマイクロプレートリーダー (MTP-800Lab, コロナ電気株式会社，茨城，日本)により 590 nm で吸光度の測定を行った．陰性対照 (蒸留水)の吸光度を100 %として各検体の細胞生存率の算出を行った．

Journal of Surfactants and Detergents
DOI 10.1007/s11743-015-1771-x

ラウレス-3 酢酸アミノ酸の低刺激性

Seito Ito[1]・Jyunichi Kawata[1]・Munekazu Kameda[1]・Mitsuo Miyazawa[2]

要約 ラウレス硫酸ナトリウムやアミノ酸系の界面活性剤はこれまでの皮膚刺激性試験により低刺激であるとされてきた．しかし，洗浄剤による皮膚刺激は未だに発生する．近年の敏感肌用化粧品の増加から見ても洗浄剤は低刺激であることが求められている．その為，敏感肌化粧品の*in vitro*の安全性試験が必要である．ラウレス-3 酢酸アミノ酸 (polyoxyethylene lauryl carboxymethyl ether lysine salt)の皮膚刺激における効果の確認の一環として，アニオン界面活性剤の皮膚刺激について検討した．加えて，ラウレス硫酸ナトリウム及びアミノ酸系界面活性剤の皮膚刺激についても確認を行った，ヒト三次元培養表皮モデル LabCyte EPI-MODEL 6D を用いてラウレス-3 酢酸リシン (Surfactant **1**)，ラウレス硫酸ナトリウム (Surfactant **2**)及びラウロイルグルタミン酸ナトリウム (Surfactant **3**)の皮膚刺激性を調べた．界面活性剤 (5 %水溶液)の曝露による培養表皮の細胞生存率は Surfactant **1** は 82.0 %，Surfactant **2** は 45.0 %，Surfactant **3** は 19.1 %となった．本報告の試験条件では，各洗浄剤濃度 5.0 %において最も大きな細胞生存率の差が確認できた．今回の結果から，ラウレス-3 酢酸リシンの皮膚に対する低刺激性が示された．

✉Seito Ito
ito@morecosmetics.co.jp

1 More Cosmetics Co, Ltd. 4-12-15 Mokuzaidori, Mihara-ku, Sakai-shi, Osaka 587-0042, Japan

2 Department of Applied Chemistry, Faculty of Science and Engineering, Kinki University, 3-4-1, Kowakae,Higashiosaka-shi, Osaka 577-8502, Japan

キーワード ラウレス-3 酢酸アミノ酸・アニオン界面活性剤・皮膚刺激性・LabCyte EPI-MODEL・6 日培養モデル

諸言

近年，敏感肌向けの化粧品が増えている．敏感肌は，物理的 (紫外線，熱，寒さ，気候)，化学物質 (化粧品)，心理，ホルモンなどの様々な内部および外部の刺激に応答して，かゆみ，刺痛，灼熱痛，チクチク，またはヒリヒリする感覚を特徴とする皮膚の状態である [1]．これまでの研究で，敏感肌は感覚神経応答の増大や皮膚バリア機能の損失および免疫応答の異常と関連していると考えられる [2－4]．敏感肌向けの化粧品にはより高い安全性が必要になる．一般に，敏感肌向けの *in vitro* の安全性試験は存在せず，実際に敏感肌の被験者によって試験を行う他なかった．

洗浄剤は，家庭用洗剤，化粧品，およびその他の原料に使用され頻繁に肌に触れることになるため，界面活性剤の皮膚への影響についての研究が盛んである [5]．アニオン性界面活性剤は化粧品の洗浄成分として用いられる [6－11]．無論のこと，アニオン界面活性剤は皮膚刺激性が低い必要がある．しかし，実際にはそうではなく，低刺激性の界面活性剤の開発が急がれる．

以前に，我々は低刺激性のアニオン界面活性剤，ラウレス-3 酢酸アミノ酸を開発した [12]．そこで，本研究ではラウレス-3 酢酸アミノ酸の低刺激性の証明のため，アニオン性界面活性剤の皮膚刺激性について検討した．リシン塩は細胞毒性およびタンパク変性作用が低く，シャンプーに配合したとき，良好な発泡特性と毛髪平滑化効果を示す．

※原文は、『Journal of Surfactants and Detergents』
（界面活性剤および洗浄剤に関する専門学術誌）2016年3月号に掲載。

〈著者〉
亀田 宗一（かめだ・むねかず）
1954年大阪府堺市出身。近畿大学理工学部応用化学科卒。界面活性剤の製造会社を経て、1995年モアコスメティックス株式会社を設立、同代表取締役。シャンプーマイスター認定協会会長。近大OB会である近畿大学校友会の香粧品支部支部長も務める。低刺激の界面活性剤の研究を続け、「ラウレス-3酢酸アミノ酸」を開発。2008年に特許を申請し、アレルギーを発症しない、角質細胞生存率の高い「低刺激性液体洗浄組成物」として、2012年特許第5057337号を取得。2016年には、アメリカ油化学会の学術誌『Journal of Surfactants and Detergents』に論文「ラウレス-3酢酸アミノ酸の低刺激性」が掲載された。また、2009年には「和漢生薬『預知子及び木通』の精油に含有される香気物質」の論文が、日本油化学会から「編集者が選ぶ最優秀論文」として「エディター賞」を受賞。2017年には「酸性カール剤」を発明。令和1（2019）年5月10日に「毛髪処理剤及び毛髪浸透促進剤」として特許第6522571号を取得。髪を傷めないカール剤として大きく注目を集めている。洗うものにこだわり、肌・髪への安全・安心に徹底した化粧品研究を続けている。

シャンプーで肌《はだ》は変《か》わる
化粧品研究者《けしょうひんけんきゅうしゃ》が教《おし》える髪《かみ》と肌《はだ》のトラブル解決法《かいけつほう》

2019年8月5日　初版発行
2019年12月15日　第2刷発行

著　　者　亀田 宗一
発 行 者　武部　隆
発 行 所　株式会社時事通信出版局
発　　売　株式会社時事通信社
〒104-8178　東京都中央区銀座5-15-8
電話03(5565)2155　https://bookpub.jiji.com

STAFF
◆Editor　島上 絹子（スタジオパラム）、三浦 靖史
◆Designer　清水 信次
◆Illustrator　ツグヲ・ホン多
◆Director　舟川 修一（時事通信出版局）

印刷／製本　中央精版印刷株式会社

ISBN978-4-7887-1653-7　C0077　Printed in Japan
落丁・乱丁はお取り替えいたします。定価はカバーに表示してあります。